一鍋多變，**106** 道營養滿點的溫暖美味

一鍋到底搞定三餐の 湯料理

U0063833

繪虹

親愛的，來喝碗湯吧

我喜歡湯，尤其是去廣東看姐姐時，喝過了那裡的各種湯。

那裡的湯，煲得濃濃的，格外滑舌，湯色就算是灰灰的，喝進嘴裡也是無比驚豔，一口下去，不但餵養了嘴巴，也撫慰了身心。每次都要叫兩碗不一樣的湯，在一堆粵語旁白中喝下去。是的，去廣東就算什麼都不吃，湯也要喝飽。

獨居在上海九年，叫外賣時，經常會叫一罐特別燙的瓦罐湯，最喜歡排骨黃豆湯，配一小碗米飯，稀里嘩啦吃下去，在陰冷潮濕的季節，也可以尋覓到一份暖意，更是給所有懶得做飯的人的恩賜。

忽然又想起來，長居上海後第一天上班，就被同事帶去吃黃魚麵，我這位北方人覺得麵很一般，但是那湯頭太棒了，魚肉拆散混在牛奶一樣的湯裡，我幾口就喝光了。

日本的拉麵，我愛的也是那湯。每次都希望麵少一點，湯多一點，然後撒上小蔥花，佐著半熟的蛋黃一起下肚，堪稱人生一大樂事。

北方的湯，多半很快上桌，我獨愛榨菜肉絲湯與番茄蛋湯，還有媽媽做的冬瓜丸子粉絲湯，總讓我舌尖留戀，回味不已。

我自己最喜歡帶著愛犬去菜市場買幾根排骨，用冰箱裡找到的蔬菜，一起煲，只放薑和鹽，和一點十五年陳的陳皮。

所以，這應該是我出的第三本湯的書了。

此生情未盡，湯尚濃。我心中最動人的情話，應該是：「親愛的，來喝碗湯吧。」

高欣蕊

目錄
CONTENTS

容量對照表
1 茶匙固體調味料 = 5 克
1/2 茶匙固體調味料 = 2.5 克
1 湯匙固體調味料 = 15 克
1 茶匙液體調味料 = 5 毫升
1/2 茶匙液體調味料 = 2.5 毫升
1 湯匙液體調味料 = 15 毫升

冬瓜薏仁
排骨湯 / 033

薏仁蔥薑
排骨湯 / 034

玉米海帶
大骨湯 / 036

小油菜豬骨湯 / 038

02
第二章
美味肉湯

醃篤鮮 / 040

百合胡蘿蔔
瘦肉湯 / 042

黃耆瘦肉湯 / 044

當歸豬肉湯 / 045

枸杞葉豬肝湯 / 046

清涼瘦肉湯 / 048

胡椒豬肚湯 / 049

天麻豬腦湯 / 050

蘿蔔牛腩湯 / 051

黃耆山楂
牛肉湯 / 052

茄汁薄荷
燉牛腱 / 054

清燉羊蠍子 / 056

清燉羊肉湯 / 058

清燉牛尾湯 / 060

03
第三章
禽類靚湯

香菇雞湯 / 062

椰子雞湯 / 064

黃耆雞湯 / 065

鳳梨雞湯 / 066

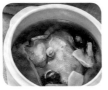

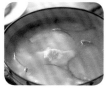
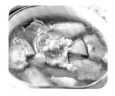

01

第 一 章

濃郁骨湯

番茄排骨湯

 烹飪時間 130 分鐘　 難易程度 簡單

厭倦了老火湯的清淡，不妨向鍋裡丟一顆番茄，酸酸甜甜的味道直擊你的味蕾，讓你一碗接一碗喝到欲罷不能。

COOKING TIP

番茄去皮時，可以在番茄的頂部用刀劃一個十字，用開水燙一下就很容易去皮了。

★ 主食材 ★

| 豬排骨 | 250 克 |
| 番茄 | 2 顆 |

正常大小

★ 配料 ★

番茄醬	20 克
薑	5 克
料理米酒	10 毫升
鹽	適量

1 挑選稍肥一點的豬排骨，洗淨後切成塊，再用清水浸泡半小時，去掉血汙和浮油。

2 把薑洗淨，用菜刀或刮刀去掉表皮後，切成約 2 公釐厚的片。

3 番茄洗淨後去皮，將一個番茄分切成八等分的大小。

4 鍋中倒入 450 毫升水，加入料理米酒，放入排骨煮滾後撈起，用清水沖去血水，瀝乾水分備用。

5 把番茄醬放在一個大碗裡，用一小碗的清水稀釋，直到完全溶解。

6 取一個湯鍋，先不加水，把汆燙過的排骨排在鍋底，再放上切好的薑片。

營養提示

番茄富含維生素 C，有生津止渴、健胃消食、涼血平肝、清熱解毒、降低血壓的功效，對高血壓、腎病患者有良好的輔助食療作用。多吃番茄還有抗衰老作用，使皮膚保持白皙。

7 最上面放上番茄塊，倒入稀釋好的番茄醬水。

8 再加入清水，水面高度和食材齊平，大火煮滾，轉小火煲 1.5 小時，加適量鹽調味即可。

粗糧排骨湯

 烹飪時間 **190 分鐘** 難易程度 **中等**

特色 玉米、山藥、南瓜、馬鈴薯的清香，再融合排骨的濃香，各種食材在一只鍋裡翻滾2.5小時，質地慢慢變軟，味道相互交融，不僅好喝也好吃！

1 挑選肥瘦相間的豬排骨，洗淨後切塊，再用清水浸泡半小時，以去掉浮油和血汙。

2 把鮮薑洗淨，用菜刀或刮刀仔細去掉表皮，切成約 2 公釐厚的片。

★ 主食材 ★

豬排骨	250 克
甜玉米	100 克
糯玉米	100 克
山藥	70 克
南瓜	70 克
馬鈴薯	70 克

★ 配料 ★

薑	5 克
鹽	適量

3 甜玉米和糯玉米剝去皮，把玉米鬚清理乾淨，洗淨後，切成 3 公分長的段。

4 選擇新鮮的山藥，洗淨後用刮刀刮去表皮，再次沖洗乾淨，切成長度約 3 公分的滾刀塊，然後泡到清水中防止山藥氧化變黑。

5 南瓜洗淨後，用菜刀或刮刀去掉表皮，切塊，南瓜的皮比較硬，去皮時可以墊一塊毛巾，防止打滑。

COOKING TIP

燉肉時，如果太早放鹽，肉不易燉爛，所以鹽要後放哦！

6 馬鈴薯洗去表面泥汙，用刮刀去皮，切成 2.5 公分的正方形塊狀。

7 鍋中倒入 500 毫升水，放入排骨煮滾後撈起，用清水沖去血水，瀝乾水分備用。

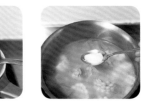

8 依序加入排骨、玉米、馬鈴薯、山藥、南瓜，放入薑片，加入適量清水，大火煮滾，轉小火煲 2.5 小時，加適量調味即可。

山藥排骨湯

烹飪時間 130 分鐘　難易程度 簡單

特色 越簡單的食材越能烹調出純粹的美味，色澤潔白、口感軟滑的山藥搭配無人不愛的排骨，不添加其他食材就能得到一鍋如此清香又營養的老火湯！

★ 主食材 ★
豬排骨　250 克
山藥　　100 克

★ 配料 ★
薑　　5 克
鹽　　適量

1 挑選肉質鮮嫩的豬排骨，洗淨後切塊，用清水浸泡半小時，去腥去汙。

2 山藥用清水沖洗乾淨，再用刮刀刮去表皮。

3 再次沖洗刮去表皮的山藥，切成 3 公分的滾刀塊，之後泡在清水中，防止山藥氧化變黑。

COOKING TIP

處理山藥時，山藥皮容易使手癢，可以戴著手套加工；或把山藥洗淨後，放入滾水鍋中煮，或電鍋蒸四、五分鐘，待涼後去皮，這樣就不會手癢了。

4 把薑洗淨，用刮刀刮去老皮後，沖洗一下，切成約 2 公釐厚的片。

5 鍋中倒入 500 毫升水，放入排骨煮滾後撈起，用清水沖去血水，瀝乾水分備用。

6 把所有食材放進湯鍋，放入薑片，加入適量清水，大火煮滾，轉小火煲 1.5 小時，加適量的鹽即可。

山藥薏仁豬骨湯

鬆軟的山藥、彈牙有嚼勁的薏仁，搭配濃香的老火靚湯，讓人忍不住一口接一口！

烹飪時間 160 分鐘　難易程度 簡單

14

COOKING TIP 這道湯也可以不加鹽，不加鹽的話是淡淡的甜味。

★ 主食材 ★

豬筒骨　　300 克
山藥　　　80 克

★ 配料 ★

薏仁　　　30 克
鹽　　　　適量

1 選擇兩頭大中間小的豬後腿骨，骨髓較多，煲湯營養價值高，請小販剁成塊，回家後用清水浸泡半小時，去掉血汙。

2 購買薏仁時，選擇氣味清香、有自然光澤、顏色均勻、呈現白色或黃白色、用手捏不會輕易捏碎的薏仁，才是新鮮的。

3 薏仁提前用涼水浸泡 4 小時，直至有些發軟，這樣比較容易成熟。

營養提示

豬骨中的骨髓富含磷脂質、磷蛋白等，有健腦補腦的作用。中醫認為，豬骨髓具有補陰益髓、延緩衰老的功效。

4 山藥用清水洗淨後，去掉頭尾兩端。

5 用刮刀刮去山藥表皮，再次沖洗乾淨。

6 將山藥切成長約 2 公分的滾刀塊，山藥去皮後會很滑，切時須注意安全。

7 鍋中倒入 500 毫升水，注意將豬筒骨冷水下鍋，煮滾後撈掉所有浮沫。

8 最後把所有食材放進湯鍋，大火煮滾，轉小火煲 2 小時，加適量的鹽調味即可。

冬筍乾排骨湯

冬筍乾,為高纖維、高營養、低糖、低脂肪的食材,跟鮮美的排骨搭配,不但賦予排骨淡淡的清香,排骨的肉香也滲透到冬筍乾裡,兩種食材相互融合,美味又營養。

烹飪時間 160 分鐘　難易程度 簡單

★ 主食材 ★

豬排骨	250 克
冬筍乾	80 克

★ 配料 ★

鮮薑	5 克
鹽	適量

營養提示

冬筍是一種富有營養並具有藥用價值的美味食品，高蛋白、低碳水化合物，質嫩味鮮，清脆爽口，可以促進腸胃蠕動，並且可以作為輔助食療抗癌。

1 選擇新鮮的排骨，洗淨後切成塊，用清水浸泡半小時，以去掉血汙。

2 鮮薑洗淨，用刮刀仔細去掉影響口感的表皮，再切成約 2 公釐厚的片。

3 筍乾洗淨後，在清水中泡發好。

4 將泡發好的筍乾從水中撈出，再次洗淨後切成大塊。

5 鍋中倒入 500 毫升水，放入排骨煮滾後撈起，用清水沖去血水，瀝乾水分備用。

6 把所有食材放進湯鍋，肉在下，中間放薑片，筍乾在上，加入適量清水，開大火，大火煮滾後，轉小火煲 2 小時，加適量鹽即可。

蟲草花
豬骨湯

 烹飪時間 160 分鐘　　難易程度 簡單

蟲草花可不是蟲草的花，而是人工培養的蟲草子實體，是一種真菌，富含蛋白質及多種微量元素。用蟲草花來煲湯對身體大有好處，而且味道也很鮮美。

★ 主食材 ★

豬筒骨	300 克

★ 配料 ★

蟲草花	40 克
胡蘿蔔	40 克
鹽	適量

1 選擇豬後腿骨，請小販剁成塊，回家後用清水浸泡半小時，以去掉雜質。

2 乾的蟲草花稍微用流水沖去浮土備用。

3 把胡蘿蔔洗淨，用刮刀刮去表皮，切成約 3 公分的滾刀塊。

4 鍋中倒入 500 毫升水，注意豬筒骨要冷水下鍋，煮滾後撈去浮沫。

營養提示

蟲草花含有的蟲草酸和蟲草素能夠綜合調理人的體內環境，增強體內巨噬細胞的功能，對調節人體免疫功能、提高人體抗病能力有一定的作用。

5 另取一鍋，把豬筒骨放在鍋底，再鋪上蟲草花，最上面放胡蘿蔔塊。

6 鍋中加入清水，水量是食材的 2 倍，大火煮滾，轉小火煲 2 小時，加適量的鹽調味即可。

猴頭菇排骨湯

 烹飪時間 130 分鐘　 難易程度 簡單

特色 將幾乎完全脫水後的食材再次泡發，並用小火煨數小時，簡直是為食材注入了新的生命力，在這樣的湯裡，猴頭菇比肉更好吃。

★ 主食材 ★

豬排骨	250 克
乾猴頭菇	80 克

★ 配料 ★

枸杞子	5 克
紅棗	10 克
鹽	適量
薑	適量

COOKING TIP

在熬製過程中可以加入幾片新鮮的番茄，可使湯的味道更加鮮香濃郁，而且色澤鮮豔，營養價值與口感也會有不少提升。

1 選擇肉質肥厚的排骨，洗淨後切塊，用清水浸泡半小時，以去掉血汙。

2 把鮮薑洗淨，用刮刀仔細去掉表皮，切成約 2 公釐厚的片。

3 乾猴頭菇仔細洗淨，再用清水泡發後切成大塊。

4 把枸杞子和紅棗洗淨，取一小碗清水泡在水裡，煲湯時直接把整碗水倒入湯鍋。

5 鍋中倒入 500 毫升水，放入排骨煮滾後撈起，用清水沖去血水，瀝乾水分備用。

6 把所有食材及薑片放進湯鍋，加入適量清水，開大火煮滾，轉小火煲 1.5 小時，加適量鹽調味即可。

苦瓜黑豆豬骨湯

（烹飪時間）160 分鐘　（難易程度）簡單

特色 如果接受不了涼拌苦瓜的味道，可以用苦瓜來煲一道湯，苦味變淡了很多，但是功效卻不打折，讓你從內到外降溫下來。

1 選擇兩頭大、中間小的豬後腿骨，請小販剁成塊，回家後用清水浸泡半小時，以去掉血汙。

2 苦瓜洗淨後去掉兩頭，再順著苦瓜一切為四，去掉苦瓜瓤（如果可以接受苦味也可以不去，這樣更退火）。

3 再次沖洗一下苦瓜，切成大塊。

★ 主食材 ★

豬筒骨　　　300 克
苦瓜　　　　100 克

★ 配料 ★

黑豆　　　　20 克
鹽　　　　　適量

4 鍋中倒入 500 毫升水，注意豬筒骨要冷水下鍋，煮滾後撈去浮沫。

5 將所有食材放進湯鍋，開大火，直至煮滾。

6 煮滾後轉小火再煲 2 小時，關火，加入適量的鹽即可。

COOKING TIP

煲湯前，提前把黑豆浸泡一夜，這樣更容易煮軟。

冬瓜海底椰煲骨湯

這是一道適合夏天喝的湯，冬瓜清熱利水，海底椰滋陰潤肺、清熱解燥，搭配有肉又有髓的脊骨，炎熱的夏季喝上這麼一碗再健康不過了。

（烹飪時間）160 分鐘　（難易程度）簡單

使用海底椰片煲湯時，一定要將海底椰片浸泡一小段時間，這樣才會使海底椰更好地發揮其功效。

★ 主食材 ★

豬脊骨	300 克
嫩冬瓜	300 克
乾海底椰	40 克

★ 配料 ★

蜜棗	3 顆
鹽	適量

營養提示

海底椰對人體具有較高營養價值，它含有多種胺基酸成分，尤其是人體必需胺基酸，對機體有均衡補益作用，具有增強人體免疫力，強身壯體，抗衰延年之功效。

1 豬脊骨要選擇肉呈鮮粉紅色、按下去會很快恢復原狀、無異味的，注意不要選擇肉太多的，請小販切成塊，在清水中浸泡半小時，以去除腥味和血汙。

2 嫩冬瓜洗淨，用刀切去表皮，可切厚一點，不要帶著硬硬的白皮，切好後再次沖洗乾淨。

3 將冬瓜切成約 2.5 公分的塊狀。

4 將海底椰片和蜜棗沖洗乾淨，泡在一小碗清水中備用。

5 鍋中倒入 500 毫升水，放入脊骨煮滾。

6 撈出脊骨，用清水沖去血水，瀝乾水分備用。

7 將脊骨放在湯鍋的底部，把海底椰片和蜜棗連同浸泡的水倒入鍋中，再倒入適量清水，大火煮滾，轉小火煲 1.5 小時。

8 1.5 小時後把容易燉爛的嫩冬瓜放入鍋裡，加蓋，小火煮 30 分鐘，加適量的鹽即可。

蓮藕花生
豬骨湯

初秋時節，正值蓮藕豐收時節，用當季的新
鮮食材煲湯再合適不過了。蓮藕、花生本身
都是燉湯佳品，不但增添彼此的鮮香，更能
養胃滋陰。

（烹飪時間）130 分鐘　　（難易程度）簡單

COOKING TIP

蓮藕切好後可以放入清水中浸泡，防止氧化變黑；花生米不易煮熟，所以提前浸泡 1 小時，可使燉煮出來的花生米更軟，口感更佳。

★ 主食材 ★

豬筒骨	300 克
蓮藕	250 克
花生米	200 克

★ 配料 ★

薑	4 片
蒜	3 瓣
香蔥	2 根
鹽	適量
油	少許

1 選擇兩頭大、中間小的豬後腿骨，請小販剁成塊，回家後用清水浸泡半小時，以去掉血汙。

2 鍋中倒入 500 毫升水，注意豬筒骨要冷水下鍋，煮滾後撈去浮沫。

3 蓮藕洗淨，用刮刀刮去表皮，切滾刀塊。

4 花生米洗淨，提前在清水中浸泡 1 小時。

5 薑洗淨後切片；蒜剝皮洗淨後用刀拍扁；香蔥洗淨打成香蔥結。

6 砂鍋中加入適量清水，將處理好的豬筒骨、蓮藕、花生米一起入鍋中。

營養提示

蓮藕由生變熟之後，性由涼變溫，失去了消瘀清熱的功能，轉而對脾胃有益，有養胃滋陰、益血、止瀉的功效。

7 再將薑片、蒜瓣、蔥結放入鍋內，並加少許油；大火煮滾後轉中小火熬煮 1.5 小時。

8 最後加鹽調味即可。

蓮藕腔骨湯

 烹飪時間 **60 分鐘**　難易程度 **簡單**

特色　金秋時節，是吃蓮藕的絕佳時機，燉得軟糯軟糯的蓮藕，清香滿屋；腔骨也是營養佳品，吸一口骨髓，滿滿的都是濃香，好不暢快，小心別燙著了哦！

★ 主食材 ★		★ 配料 ★	
豬腔骨	750 克	薑片	5 片
蓮藕	400 克	蒜瓣	3 瓣
		香蔥	2 根
		料理米酒	1 湯匙
		雞粉	1/2 茶匙
		鹽	1 茶匙

COOKING TIP

購買腔骨時，請小販幫忙切好，回家洗淨就行；蓮藕切好後要放入清水中浸泡，以防氧化變黑；也可將蓮藕在清水中多洗幾次，洗去多餘澱粉，烹煮出來的蓮藕會更加爽口。

1 腔骨洗淨，放入鍋中，倒入清水和少許料理米酒，煮滾後撈去浮沫，取出備用。

2 薑洗淨後刮去皮，切片；蒜剝去蒜皮後洗淨，用刀面拍扁；香蔥切去根鬚，洗淨後打成蔥結。

3 蓮藕在清水中洗淨，刮去表皮，切成大小適中的滾刀塊。

4 將腔骨、蓮藕全部放入壓力鍋中，倒入淹過食材 5 公分的清水。

5 放入薑片、蒜瓣、蔥結，蓋上鍋蓋開大火煮至開鍋上壓，再轉小火燉煮半小時。

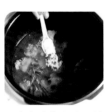

6 半小時後關火，待壓力鍋降壓後，打開鍋蓋，加入雞粉、鹽調味即可。

木瓜骨頭湯

烹飪時間 **160 分鐘**　　難易程度 **簡單**

特色 木瓜儘管味道清淡，卻也是煲湯的好食材，加上豬骨燉一個半小時，煲出來的湯清清甜甜，喝一碗，暑氣和濁氣頓消。

★ 主食材 ★		★ 配料 ★	
豬筒骨	300 克	蜜棗	3 顆
木瓜	80 克	南杏仁	10 顆
		鹽	少許

1 選用豬後腿骨來煲這道湯，請小販切成塊，回家後再浸泡半小時，以去掉血汙。

2 挑選皮光滑、顏色亮、沒有色斑的木瓜，削去表皮，再用湯匙挖掉木瓜籽。

3 再次沖洗一下木瓜，放到砧板上，切 2 公分的塊狀。

COOKING TIP

南杏仁，也叫甜杏仁，質地鬆脆，味道微甜，與北杏仁相比更加肥厚飽滿，它的功能是潤肺止咳，一般都用來煲湯。

4 鍋中倒入 500 毫升水，注意豬筒骨要冷水下鍋，煮滾後撈去浮沫。

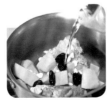

5 將豬筒骨鋪在鍋底，再放木瓜塊，最上面撒上洗好的蜜棗和杏仁，開大火煮滾。

6 大火煮滾後，轉小火煲 2 小時，關火，加適量的鹽即可。

霸王花排骨湯

廣東人習慣用霸王花煲豬骨，加上蜜棗或少許羅漢果，煲一、兩個小時即成老火靚湯，既清甜芳香又有益健康，尤其適合於長期吸菸飲酒的人。

烹飪時間 160 分鐘　　難易程度 簡單

乾燥的霸王花是不規則的長條束狀，長十幾公分，花瓣顏色為棕褐色或棕黃色，內有一束花蕊，花朵大、顏色鮮明、氣味香甜的是品質好的。

★ 主食材 ★

豬肋排	300 克
霸王花	70 克

★ 配料 ★

蜜棗	5 顆
薑	5 克
鹽	適量

營養提示

霸王花用於烹飪主要製作老火靚湯。霸王花性味甘、涼，入肺，具有清熱痰、除積熱、止氣痛、理痰火的功效。而且，霸王花制湯後，其味清香、湯甜滑，深受人們的喜愛，是極佳的清補品。

1 選擇肥美的排骨洗淨後切塊，用清水浸泡半小時，以去掉血汙和浮油。

2 薑洗淨後刮去表皮，切成約 2 公釐厚的片。

3 選擇乾燥質優的霸王花乾，沖洗乾淨後泡在清水中備用。

4 鍋中倒入 500 毫升水，放入排骨煮滾後撈起，用清水沖去血水，瀝乾水分備用。

5 把排骨鋪在湯鍋的鍋底，再放上薑片，最上面放上霸王花，加入適量清水，大火煮滾。

6 水滾後放入蜜棗，轉小火煲 2 小時，加適量的鹽即可。

茶樹菇
排骨湯

茶樹菇有一種奇異的香味，不僅好吃，而且營養。茶樹菇排骨湯是一道美味可口的傳統名肴，味道濃厚，回味悠長，讓人久久不能忘懷。

 烹飪時間 160 分鐘　　難易程度 簡單

挑選茶樹菇乾時，選擇呈茶色、有淡淡的香氣，菇柄細長、菇蓋小而厚實的，並且用手輕輕一折就能斷的，這樣的茶樹菇乾品質上乘，煲出的湯味道格外鮮香。

★ 主食材 ★

豬排骨	250 克
茶樹菇乾	50 克

★ 配料 ★

去核紅棗	10 顆
蜜棗	1 顆
薑	5 克
鹽	少許

1 選擇比較瘦的排骨，洗淨後切塊，用清水浸泡半小時，以去掉血汙。

2 薑洗淨後去掉表皮，切成約 2 公釐厚的片。

3 茶樹菇乾用清水沖洗乾淨，瀝乾水分備用。

4 鍋中倒入 500 毫升水，放入排骨煮滾後撈起，用清水沖去血水，瀝乾水分備用。

5 把排骨、薑片、茶樹菇依序放進湯鍋，加入適量清水，大火煮滾。

6 煮滾後，放入紅棗和蜜棗，轉小火。

營養提示

茶樹菇含有人體所需的 18 種胺基酸，特別是含有人體所不能合成的 8 種胺基酸，還含有豐富的維生素 B 群和鐵、鉀、鋅、硒等礦物質，是高血壓、心血管病和肥胖症患者的理想食品。

7 小火煲 2 小時後，加適量鹽即可。

肉骨茶

 烹飪時間 **190 分鐘**　難易程度 **中等**

特色　馬來味的肉骨茶以中藥為引，加入多種調味料，最後和著豬肉骨慢慢熬煮，具有補氣、旺血、滋補的功效，養身好味一鍋搞定。

★ 主食材 ★		黑棗	3 顆
豬肋排	500 克	當歸	1 塊
		玉竹	10 克
★ 配料 ★		料理米酒	1 湯匙
蒜	5 瓣	白胡椒粉	1/2 茶匙
枸杞子	1 把	鹽	1 茶匙
桂皮	1 塊	油	少許
八角	3 顆		

1 豬肋排洗淨，在清水中浸泡 30 分鐘後撈出，沖洗後切成3 公分的段。

2 肋排冷水下鍋，加適量料理米酒，煮滾將浮沫撈淨，再過約 3 分鐘後撈出。

3 蒜剝皮後洗淨；炒鍋內放少許油燒熱，放入蒜瓣煎至表面金黃後撈出。

4 用清水將枸杞子、桂皮、八角、黑棗、當歸、玉竹沖洗乾淨。

5 另起一鍋，鍋中加入適量清水，放入步驟 4 的配料、蒜瓣。

6 開大火，煮滾後轉中小火，繼續煮半小時，將材料煮出香味。

7 放入肋排，開大火煮滾，再轉小火熬煮 2 小時。

8 最後根據個人口味加白胡椒粉、鹽調味即可。

COOKING TIP　煲煮肉骨茶時一定要選上好的豬肋排，這樣煲出來的肉骨茶才鮮嫩無油膩感；懂吃肉骨茶的都會配上油條沾著湯來吃，你不妨也準備些油條試試哦！

冬瓜薏仁排骨湯

烹飪時間 120 分鐘　　難易程度 簡單

特色 軟綿的冬瓜和飽口的薏仁，搭配煲爛的排骨，喝上一碗，清熱又滿足。

COOKING TIP

這是一道適合夏天喝的湯，冬瓜和薏仁都是利尿消腫、清熱祛暑的食物。

★ 主食材 ★

豬排骨	250 克
冬瓜	250 克

★ 配料 ★

薏仁	40 克
鹽	適量

1 購買排骨時，請小販切成塊，回家後把排骨沖洗乾淨，在清水中浸泡 30 分鐘，以去除血汙。

2 煲湯的前一晚，將薏仁洗淨，在清水中浸泡一夜，使它變軟，更容易煮熟。

3 冬瓜在清水中洗淨，去皮後挖掉冬瓜子，切成邊長約 3 公分的塊。

4 鍋中加入適量涼水，放入排骨，開大火煮滾。

5 等待煮滾時，把浮沫都撈乾淨，直到不再有浮沫。

6 此時，另起一砂鍋，加入足量清水煮滾後，把排骨撈入砂鍋中。

7 把泡軟的薏仁沖洗一下，倒入砂鍋中，開大火煮滾。

8 煮滾後轉小火，煲 1 小時後，放入冬瓜，再煲 20 分鐘關火，加適量鹽調味即可。

薏仁蔥薑排骨湯

搭配食材太複雜？只煲肉湯沒營養？那你只需要把薏仁、排骨一起下鍋，小火燉煮1小時，保證你心滿又意足。

 烹飪時間 90 分鐘　 難易程度 中等

薏仁不易煮熟，可在燉湯前提前用溫水浸泡 1 小時以上，待薏仁稍微變軟後淘洗乾淨，再用來燉湯，可節省不少時間。

★ 主食材 ★

| 豬排骨 | 750 克 |
| 薏仁 | 350 克 |

★ 配料 ★

生薑	10 克
香蔥	2 根
枸杞子	1 小把
鹽	2 茶匙
油	少許
料理米酒	少許

1 排骨提前放入清水中浸泡，反覆多次洗去血水備用。

2 薏仁淘洗乾淨，瀝去多餘水分；枸杞子洗淨備用。

3 生薑去皮洗淨，切薑片；香蔥洗淨，切蔥花。

4 鍋內倒入適量清水，放入排骨，倒入少許料理米酒去腥，大火煮滾。

5 煮滾後繼續煮 3 分鐘，再將排骨撈出，沖去浮沫。

6 將排骨、薏仁、薑片放入鍋中，倒入適量清水和少許油，大火煮滾。

營養提示

薏仁的味道和白米相似，易消化吸收，煮粥、做湯均可，夏秋季和冬瓜煮湯，既可佐餐食用，又能清暑利濕。

7 待煮滾後轉小火慢燉 40 分鐘，放入枸杞子續煮 8 分鐘。

8 最後加鹽調味，撒入蔥花即可。

玉米海帶
大骨湯

既然是煲大骨湯，就可以搭配一些久煮不壞的食材。像是清甜的玉米，鮮香的海帶，隨便用刀一切，跟豬大骨一起慢慢熬煮，香味保證誘人。

 烹飪時間 120 分鐘　難易程度 中等

COOKING TIP

海帶不易清洗乾淨，在泡軟後，可用小刷子慢慢刷洗掉海帶表面的泥沙，這樣湯品口感更佳。

★ 主食材 ★

豬筒骨	750 克
玉米	2 根
乾海帶片	60 克

★ 配料 ★

生薑	10 克
香蔥	2 根
鹽	2 茶匙

1 豬筒骨提前浸泡片刻，反覆洗去血水備用。

2 玉米洗淨，切成兩、三公分長的段；海帶提前泡軟，洗淨，切稍長條備用。

3 生薑去皮洗淨，切薑片；香蔥洗淨，切蔥花備用。

4 鍋內倒入適量清水，放入豬筒骨，煮滾。

5 煮滾後將豬骨撈出，在流水下沖去浮沫。

6 將豬骨、海帶、薑片一同放入湯煲中，並倒入足量清水。

營養提示

玉米營養又美味，含有豐富的膳食纖維，有助腸道蠕動。另外，玉米還能提高鈣質吸收率，幫助保持骨骼健康。

7 大火煮滾後轉小火慢燉 1 小時，放入玉米段。

8 繼續燉煮至玉米熟透，加鹽調味，撒入蔥花即可。

小油菜豬骨湯

 烹飪時間 60 分鐘　 難易程度 簡單

★ 主食材 ★

豬排骨	500 克
小油菜	350 克

★ 配料 ★

生薑	5 克
香蔥	3 根
鹽	2 茶匙

COOKING TIP

清洗小油菜時，可將老掉的部分挑掉，口感更佳。

1 排骨放入清水中浸泡片刻，反覆洗去血水備用。

2 洗淨的排骨放入鍋內，倒入適量清水，大火煮滾。

3 煮滾後將排骨撈出，再次用清水沖去浮沫備用。

4 香蔥洗淨，切蔥花；生薑去皮洗淨，切薑片。

5 小油菜洗淨，瀝水備用。

6 將排骨放入鍋中，倒入適量清水，放入薑片。

7 加蓋，大火煮滾後，轉小火慢燉半小時，接著放入小油菜。

8 待小油菜煮軟後加鹽，調味後即可，也可以依照個人口味放入適量蔥花。

第二章
02
美味肉湯

醃篤鮮

 烹飪時間 130 分鐘 　 難易程度 簡單

醃篤鮮，主要是指春筍和鹹五花肉片一起煮的湯，屬於江南吳越特色菜肴，這道菜口味鹹鮮，不僅味道一絕，也包含了許多食材的營養與功效。

★ 主食材 ★

豬五花肉	200 克
鹹豬肉	100 克
春筍	250 克

★ 配料 ★

香蔥段	15 克
薑片	10 克
料理米酒	3 茶匙
鹽	適量

1 鍋中放入清水，在清水中放入薑片、蔥段、五花肉，再倒入少許料理米酒，開大火煮滾。

2 水滾後 3 分鐘，關火，將煮好的豬肉從鍋中撈出，放涼，切塊。

3 將鹹豬肉洗淨，切成 5 公釐厚的片，若過鹹過硬，可提前用淘米水泡一兩個小時。

4 將春筍剝掉筍衣，在清水中洗淨，再切成貓耳狀，備用。

5 取一湯鍋，在鍋內加入適量清水，將切好的豬肉塊和鹹肉放入鍋中，開大火，煮滾後蓋上鍋蓋轉小火。

6 小火燜煮 1 小時後，將筍塊放入鍋中，繼續蓋蓋，小火燜煮 40 分鐘。

營養提示

鹹肉中磷、鉀、鈉的含量豐富，還含有脂肪、蛋白質等營養元素。鹹肉具有開胃祛寒、消食等功效。醃製食品中有較多的硝酸鹽和亞硝酸鹽，不可過量食用。

7 待筍塊完全熟透後關火，先嚐一下味道，再加入適量鹽調味即可。

百合胡蘿蔔瘦肉湯

盛夏時節，荷花開得正豔，摘一片青翠的荷葉，抓一把乾百合，隨便煲點什麼都好，百合和荷葉都是清心消暑、養氣安神的食材，在酷暑時節喝一碗百合瘦肉湯，可謂盛夏裡的一抹清涼。

烹飪時間 60 分鐘　　難易程度 簡單

42

★ 主食材 ★

豬瘦肉	250 克
胡蘿蔔	150 克

★ 配料 ★

乾百合	20 克
荷葉	半張
鹽	適量

1 將買回來的豬瘦肉用清水洗淨。

2 將瘦肉切成大片，放入鍋中，加入冷水，煮滾去浮沫，撈出備用。

3 將胡蘿蔔洗淨，用刮刀刮去皮，切成滾刀塊，備用。

4 將乾百合和荷葉用水稍微沖去浮土，撕成小塊，泡在一小碗清水裡備用。

營養提示

百合含有太白粉、蛋白質、脂肪及維生素 B₁、維生素 B₂、維生素 C、泛酸、胡蘿蔔素等營養素，具有潤肺止咳、寧心安神、美容養顏的功效。

5 取一湯鍋，將汆燙好的肉鋪在鍋底，上面蓋上胡蘿蔔塊，連水一併倒入乾百合和荷葉。

6 加入相當於食材兩倍的清水，大火煮滾後轉小火煲 40 分鐘，關火加適量鹽調味即可。

黃耆瘦肉湯

 烹飪時間 140 分鐘　難易程度 簡單

| 特色 | 俗話說：「常喝黃耆湯，防病保健康」，指的是經常用黃耆煎湯或泡水代茶飲，有良好的防病保健作用，黃耆瘦肉湯也是冬季應該經常喝的一道湯品之一。 |

★ 主食材 ★

| 豬瘦肉 | 250 克 |

★ 配料 ★

黃耆	3 片
紅棗	2 顆
薑	5 克
鹽	適量

COOKING TIP

煲湯時，只要遇到有紅棗的湯，都要將棗核去掉，這是為什麼呢？因為紅棗裡面，棗核屬於溫性的，而棗核屬於熱性的。如果燉湯時不將棗核去掉，煮出來的湯水會比較燥，很容易引起上火。

1 將瘦肉用清水洗淨，切成1公分厚的長條狀。

2 準備一鍋清水，將肉片放入鍋中燙一下，再撈出用清水沖去浮沫。

3 將薑洗淨後，刮去老皮，再切成2公釐的片，備用。

4 黃耆洗淨，紅棗洗淨去核，放入清水中浸泡，備用。

5 取一個湯鍋，將燙過的瘦肉鋪在鍋底，放上薑片，連水一併倒入黃耆和紅棗，再加入相當於食材兩倍的清水，開大火。

6 大火煮滾後，改為小火煲約2小時，2小時後加適量鹽調味即可。

當歸豬肉湯

烹飪時間 **150 分鐘**　難易程度 **簡單**

特色 這道加有當歸和枸杞子的當歸豬肉湯是一道非常適合女性喝的湯，不僅補血溫潤，而且味道微微發甜，這可比藥好喝太多啦！

1 豬肉買回來後洗淨，切成幾大塊，每塊用刀尖戳幾下，這次的湯我們不吃肉，所以豬肉可以大塊下鍋。

2 將大塊的豬肉放到鍋裡，倒入清水，煮氽湯一下，再撈出洗淨。

3 當歸和枸杞子在清水中沖去浮土，再泡在一小碗清水裡。

★ 主食材 ★

豬瘦肉	100 克

★ 配料 ★

當歸	15 克
枸杞子	10 克
薑	3 克
鹽	適量

4 將薑洗淨，刮去表皮，再切成 1 公釐厚的薄片。

5 取一湯鍋，將燙好的豬肉鋪在鍋底，再放上薑片，將當歸和枸杞子連水一併倒進湯鍋。

6 加入相當於食材兩倍的水，大火煮滾後轉小火，煲 2 小時關火，加適量鹽調味即可。

COOKING TIP

這道湯也可以不加鹽，當歸和枸杞子都是滋補類藥材，所以可以當作養生藥膳來喝，也可以根據自己的情況增加一些別的中藥材。

枸杞葉
豬肝湯

只聽過枸杞子，沒聽過枸杞葉？用枸杞葉來煲湯可是新潮流，綠綠的枸杞葉裹著薄薄的豬肝，看上去滿眼青翠，喝起來清爽不油膩，讓你不愛都不行。

烹飪時間 65 分鐘　難易程度 中等

★ 主食材 ★

豬肝	200 克
枸杞葉	200 克

★ 配料 ★

薑	5 克
淡醬油	10 克
料理米酒	5 克
香油	5 克
鹽	適量

1 豬肝用清水洗淨，切成約 1 公分厚的片，在清水中浸泡半小時，每 10 分鐘換一次水。

2 半小時後，將豬肝從水中撈出，再次沖洗後放在一個大碗裡，並加入少量淡醬油、料理米酒、香油抓勻後醃10 分鐘。

3 燒一鍋熱水，水滾後，將豬肝倒入滾水中，豬肝顏色一變白就馬上撈出，用清水洗淨備用。

4 將枸杞葉用清水洗淨，撈出瀝乾水分。

5 將薑洗乾淨，刮去老皮，並切成薄片。

6 取一砂鍋，將燙過的豬肝片放入鍋底，上面鋪上薑片，再加入足量水。

營養提示

豬肝含有維生素 C 和微量元素硒，能增強人體的免疫反應。豬肝中還含有豐富的維生素 A，維生素 A 具有維持正常生長和生殖機能的作用。豬肝中鐵質豐富，是極佳的補血食品。

7 開大火煮滾，水滾後轉小火煲 20 分鐘後，將枸杞葉放到鍋裡，蓋上鍋蓋續煮 3 分鐘。

8 3 分鐘後，關火，加入適量鹽調味即可。

清涼瘦肉湯

 烹飪時間 **90 分鐘** 難易程度 **簡單**

特色 光看名字就知道這是一道適合在夏天喝的湯,沒錯,這道湯選用不會使人感到油膩的瘦肉,搭配薏仁、蓮子、百合、山藥四種去火清涼安神的食材,煲出一道清新舒爽的下火湯,讓你的夏天不再躁動。

★ 主食材 ★

豬瘦肉	250 克
山藥	50 克

★ 配料 ★

薏仁	10 克
蓮子	5 克
百合	5 克
鹽	適量

COOKING TIP

如果時間不夠,也可以用壓力鍋煲湯,但在不著急的情況下,還是最好用砂鍋,小火慢煲,這樣的湯煲出來,更加濃香醇厚。

1 將豬瘦肉洗乾淨,在水中浸泡 20 分鐘,以去除血汙。

2 將豬肉撈出,再次用清水洗淨後,用刀切成大片。

3 山藥去皮洗淨切塊,薏仁、蓮子、百合洗淨,一同泡在裝有清水的砂鍋裡。

4 再準備一鍋清水,將切好的豬肉塊放入鍋中汆燙,水滾後再煮 3 分鐘即可關火,並將肉撈出。

5 撈出豬肉塊後,用清水沖去表面的浮沫和雜質。

6 將沖乾淨的豬肉塊放入步驟 3 中的湯鍋內,大火煮滾,煮滾後轉小火,再煲 1 小時,加鹽關火即可。

胡椒豬肚湯

 烹飪時間 200 分鐘　 難易程度 複雜

特色 用花椒和胡椒調味，絕對刺激味蕾，相信我，它的味道一定不會辜負你的期待。

1 將買回來的豬大排切成塊，洗淨後在清水中浸泡 30 分鐘，以去掉血汙。

2 用清水將新鮮的豬肚內外沖洗一遍，放在大碗中，倒入料理米酒浸泡 10 分鐘，以去除異味。

3 10 分鐘後，將豬肚從大碗中取出，並用鹽將豬肚內外揉搓一遍。

4 再用太白粉反覆搓洗一次，記住正反面都要洗。

5 熬製一鍋花椒水，將洗淨的豬肚放在花椒水裡燙一下，豬肚的去味就算完成了。

★ 主食材 ★

豬肚	1 個
豬大排	100 克

★ 配料 ★

薑片	5 克
花椒	5 克
白胡椒粉	5 克
太白粉	20 克
鹽	適量
料理米酒	適量

6 再取一個湯鍋，放入豬大排，加水淹過排骨，大火煮滾，再煮 3 分鐘關火，將豬大排撈出洗淨，備用。

7 將白胡椒粉、薑片及排骨全部放入豬肚中，將豬肚放入湯煲，加足水，大火煮滾後轉小火煲 2 小時至呈奶白色。

8 用漏勺撈出豬肚，將豬肚內的材料取出後，將豬肚切成條，放入湯煲中再煮 15 分鐘，加鹽調味即可。

COOKING TIP

在這道湯中，放入豬大排是用來提升湯的香味，如果不喜歡也可以不放。

49

天麻豬腦湯

烹飪時間 80 分鐘　難易程度 中等

特色 豬腦搭配天麻，煲一鍋靚湯，讓你整個冬天不畏嚴寒。

★ 主食材 ★		薑	5 克
豬腦髓	1 對	料理米酒	20 克
天麻片	15 克	香油	3 克
		雞蛋	1 顆
★ 配料 ★		油	4 克
枸杞子	5 克	鹽	適量
蔥	10 克		

1 將天麻片簡單沖洗一下，再放到一小碗清水裡，浸泡 30 分鐘。

2 將蔥、薑洗淨，蔥切成蔥花；薑去掉老皮，再切成片。

3 將豬腦洗淨，放在碗內，放入料理米酒、薑片、蔥花，輕輕抓勻。

4 將小碗放入蒸籠內，用大火蒸 25 分鐘，取出待用。

COOKING TIP

5 將油倒入炒鍋，燒至六成熱時，加入清水，放入枸杞子和泡好的天麻片，開大火煮滾後轉小火煮 20 分鐘。

6 取一小碗將雞蛋打散，緩緩加入湯中，成蛋花狀，馬上將火關掉，再放適量鹽調味。

7 將蒸好的豬腦放在小碗裡，將煮好的湯輕輕澆在豬腦上，再滴幾滴香油即可。

豬腦有腥味，所以一定要處理得特別乾淨。先將豬腦表層的血筋剔除，再用手指將豬腦頂起，暴露出腦溝深處未剔離的血筋，去除乾淨。再用左手指輕輕托起豬腦，右手用牙籤貼緊豬腦表面，輕撚動牙籤，旋轉，利用牙籤上的小毛刺黏著包裹豬腦的紅血筋，將血筋剔離。最後用水洗淨。

蘿蔔牛腩湯

🔥 烹飪時間　**180 分鐘**　　難易程度　**簡單**

燙過的牛肉不要在冷水中沖洗，就直接放到湯鍋裡就好，因為肉遇冷水會發緊，不容易燉爛。

特色　牛腩特別適合用來煲湯，搭配白蘿蔔，小火慢煨2小時，只需加一點點鹽調味，濃厚中帶點清香，讓人停不了口。

★ 主食材 ★

牛腩	400	克
白蘿蔔	200	克

★ 配料 ★

蔥	15	克
薑	5	克
八角	2	個
鹽	適量	

1 將買回來的牛腩洗淨，在清水中浸泡30 分鐘，以去除血汙。

2 30 分鐘後，將牛肉撈出，再次洗淨，再切成大小均勻的3 公分塊狀。

3 將蔥薑去皮，並洗淨，分別切成蔥段和薑片。

4 白蘿蔔在水中洗淨後，刮去表皮，再切成邊長 2 公分的滾刀塊。

5 取一湯鍋，鍋中放入適量冷水，將牛肉塊放入鍋中，開大火將水煮滾，將所有的浮沫都撈乾淨，直到不再產生浮沫為止，關火。

6 汆燙時，砂鍋內加入適量水煮滾（愛喝湯的就多加些水），將燙好的牛肉直接放入砂鍋，開大火。

7 同時，將切好的蔥薑和八角一起放入鍋中，等水滾後轉小火煲 2 小時。

8 2 小時後，將白蘿蔔塊放入砂鍋中，中火煲 10 分鐘，關火加鹽調味即可。

黃耆山楂
牛肉湯

這道黃耆山楂牛肉湯以黃耆為輔助，不僅使湯變得味道濃郁純正，還可以增加人的免疫力，每天喝一碗可以讓身體變得更加健康哦！

 烹飪時間 110 分鐘　　難易程度 簡單

在煲牛肉湯時，放入幾顆山楂，山楂的有機酸可以嫩化牛肉纖維，進而使牛肉更容易燉爛。另外，山楂作為消食食物，也有助於消化油膩的肉食，簡直一舉多得。

★ 主食材 ★

牛腱肉　　　300 克

★ 配料 ★

蔥	10 克
薑	5 克
枸杞子	5 克
八角	3 克
黃耆	3 克
山楂	3 顆
鹽	適量

1 將買回來的牛腱肉洗淨，再在清水中浸泡 30 分鐘，以去除血汙。

2 30 分鐘後，將牛肉撈出，再次洗淨，再切成約 5 公釐厚的片。

3 將蔥和薑洗淨，去掉老皮，蔥一半切段，一半切末，薑切成 2 公釐厚的片。

4 將牛肉放在鍋內，加入足量冷水，開大火汆燙。如果使用砂鍋效果更佳。

5 在汆燙期間，將產生的浮沫全部撇乾淨，直到不再產生浮沫為止。

6 將蔥段、薑片和枸杞子、八角、黃耆，以及洗好的山楂加入鍋內。

營養提示

山楂含有酒石酸、檸檬酸、果糖、維生素 B 群、維生素 C 等營養成分，其中維生素 C 的含量在水果中僅次於紅棗和奇異果；胡蘿蔔素和鈣的含量也高，可增強人體免疫力、延緩衰老。

7 蓋上鍋蓋，轉小火，慢煲 1 小時，期間不要開蓋，也不要再加冷水。

8 1 小時後，關火，加入適量鹽調味，最後撒上切好的蔥花即可。

茄汁薄荷燉牛腱

小火慢燉後的牛腱肉入口酥爛無比，最後的一點薄荷碎更是點睛之筆，這道菜在冬天吃再合適不過了，暖胃又暖身。

 烹飪時間 180 分鐘　 難易程度 複雜

番茄醬的量可以根據個人喜好增減。

★ 主食材 ★

牛腱肉	1 個

★ 配料 ★

胡蘿蔔	1 根
洋蔥	1/4 個
番茄	1 顆
西芹	2 根
薑	5 片
蒜	2 瓣
大蔥段	10 克
八角	3 顆
桂皮	1 小塊
香葉	2 片
薄荷葉	3 片
番茄醬	5 湯匙
太白粉	1 湯匙
黑胡椒粉	1 茶匙
白砂糖	少許
紅酒	少許
鹽	1 茶匙
橄欖油	適量

營養提示

牛肉富含蛋白質，其胺基酸組成比豬肉更接近人體需要，能提高人體抗病能力，對生長發育及術後、病後調養的人在補充失血、修復組織等方面特別適合。寒冬食牛肉可暖胃，是冬季的補益佳品。

1 將胡蘿蔔、番茄洗淨，分別切滾刀塊；洋蔥洗淨切小片；西芹洗淨切 3 公分長的段；薄荷葉切碎末。

2 牛腱肉洗淨，切邊長約 3 公分的大塊，用廚房紙擦乾表面水分，在每塊牛腱肉上抹上鹽、黑胡椒粉和薄薄的一層太白粉。

3 取一炒鍋，炒鍋中加入適量橄欖油燒熱，放入牛腱塊煎至表面焦黃，再放入薑片、蒜瓣、大蔥段炒香。

4 將炒香的牛腱塊移入湯鍋中，倒入適量熱水，放入八角、桂皮、香葉，開大火，煮滾後轉小火燉 1.5 小時。

5 待牛腱塊酥爛時，加入胡蘿蔔塊繼續燉煮，直至胡蘿蔔熟透變軟。

6 炒鍋倒入適量橄欖油燒熱，放入洋蔥片煸香，再放入番茄塊、番茄醬、白砂糖翻炒均勻。

7 再將湯鍋內燉好的牛腱湯全部倒入炒鍋中，並加入西芹段和少許紅酒，繼續燉煮 15 分鐘，再加少量鹽。最後轉大火收至湯汁略乾，撒上切好的薄荷碎即可。

清燉羊蠍子

烹飪時間 240 分鐘　難易程度 中等

當一大盆誠意十足的羊蠍子擺在你面前，是不是覺得壓力太大？剛開始還擔心太多了，轉眼間就不夠吃了。

羊蠍子選用骨縫窄帶肉的為最好。將羊蠍子提前浸泡、氽燙，都是為了去除血水和腥膻味。白蘿蔔雖然是配菜，但是它吸收膻味的能力不可小覷。在挑選白蘿蔔時，注意不是塊頭越大越好，要放在手裡掂量一下，有壓手的沉實感才好。

★ 主食材 ★

羊蠍子	1000 克
白蘿蔔	400 克

★ 配料 ★

花椒	20 粒
滷包	20 克
紅辣椒	2 個
料理米酒	2 湯匙
大蔥	10 克
薑	5 克
蒜	6 瓣
鹽	1 茶匙

1 羊蠍子請小販幫忙剁成塊。買回的羊蠍子洗淨後用冷水浸泡 2～4 小時，其間換 2 次水。

2 羊蠍子放入湯鍋內，加冷水淹過，放入料理米酒、花椒，開大火煮滾。

3 大火煮滾後撇去浮沫，羊蠍子撈出後用熱水洗淨瀝乾。

4 取一砂鍋，加水燒開，再放羊蠍子，水淹過肉。大蔥切段，薑切片。

5 鍋中加蔥段、薑片、紅辣椒、蒜瓣和滷包。

6 鍋內水煮滾後，改小火慢燉，約 1 小時後放適量鹽，繼續燉煮半小時到 1 小時。

營養提示

羊肉鮮嫩，營養價值高，凡腎陽不足、腰膝酸軟、腹中冷痛、虛勞不足者均可用它作食療品。特別是對男士而言，有補腎壯陽、補虛溫中等作用。

7 白蘿蔔洗淨去皮切滾刀塊。

8 燉到鍋內的羊蠍子已經有些脫骨時，加入白蘿蔔一起燉。燉至蘿蔔軟爛即可出鍋。

清燉羊肉湯

烹飪 時間 90 分鐘　難易 程度 中等

冬天是吃羊肉的最好季節，能夠禦寒暖身，溫補氣血。清燉的羊肉鮮味十足，還有那多汁的大白蘿蔔，怎麼也吃不夠，保證讓你暖暖過冬。

COOKING TIP

對羊肉膻味特別敏感的，可以再加些花椒和乾辣椒段入湯煲中，但因為是清燉湯，所以也不宜太多，以免蓋過清湯的鮮美。

★ 主食材 ★

| 羊肉 | 500 克 |
| 白蘿蔔 | 300 克 |

★ 配料 ★

薑	10 克
大蔥	15 克
香蔥	2 根
料理米酒	1 湯匙
雞粉	1 茶匙
鹽	2 茶匙
油	少許

1 將羊肉洗淨，再切成小方塊，在清水中浸泡 30 分鐘，以去除血汙。

2 將浸泡後的羊肉塊撈出，放入鍋中汆燙 3 分鐘後撈出，沖去浮沫備用。

3 白蘿蔔洗淨後刮去表皮，再次洗淨，切成厚約 5 公釐的片，備用。

4 薑洗淨切薄片；大蔥洗淨切長約 3 公分的段；香蔥洗淨後切蔥粒。

5 準備好湯煲，將羊肉塊、薑片、大蔥段放入煲中，加入適量清水。

6 再倒入料理米酒和少許油，開大火，煮滾後轉中小火，繼續燉煮 40 分鐘。

營養提示

羊肉屬於能補益氣血的溫熱補品，適量吃不但能促進血液循環，使身體暖和，還能開胃排濕氣，非常適合較瘦、怕冷、體質虛弱的人吃。

7 40 分鐘後，放入切好的白蘿蔔片，繼續燉煮至蘿蔔熟透，關火。

8 最後加雞粉、鹽調味，撒上蔥粒即可。

清燉牛尾湯

烹飪時間 240 分鐘　　難易程度 中等

★ 主食材 ★

牛尾	500 克
白蘿蔔	200 克

★ 配料 ★

枸杞子	10 克
薑	10 克
料理米酒	2 湯匙
鹽	適量

COOKING TIP

將牛尾置於明火上方均勻烤一會兒，就能輕鬆去除殘留的細毛。蘿蔔可根據自己喜好決定燉煮時間的長短，喜歡軟一點的早點放進去，反之則晚點放進去。

1 白蘿蔔在清水中洗淨，刮去表皮，再切成大小適中的滾刀塊；薑洗淨切片備用。

2 檢查牛尾上是否有殘留的牛毛，洗淨後切成 3 公分的段，再用清水浸泡 30 分鐘，以去除血汙。

3 取一鍋，將牛尾段、部分薑片、料理米酒倒入鍋中，再加入適量清水，煮滾汆燙，撈去所有浮沫。

4 煮滾後續煮 3 分鐘後撈出，用清水沖去浮沫後瀝乾。

5 將沖洗後的牛尾放入湯煲中，再放上剩餘薑片，再加入適量清水，開大火燉煮。

6 大火煮滾後轉中小火，蓋上鍋蓋，燜煮 3 小時左右。

7 3 小時後放入白蘿蔔塊續煮，直至蘿蔔熟透即可關火。

8 最後加入枸杞子和鹽調味即可。

03

第 三 章

禽類靚湯

香菇雞湯

烹飪時間 60 分鐘　難易程度 簡單

每個人的記憶中都有一碗香菇雞湯，那是屬於家的味道，肥厚多汁的香菇、入口即化的雞肉、點點油光的濃湯，都濃縮在那一小碗裡，令人一喝就愛上。

也可以選擇帶骨頭的雞肉，這樣煲出來的湯會有骨髓的香味，但是要注意多泡一會兒，把骨頭連接處的血汙去除乾淨，不然煲出的湯裡會有怪味的。

★ 主食材 ★

| 雞腿 | 1 隻 |
| 鮮香菇 | 30 克 |

★ 配料 ★

老薑	5 克
紅棗	3 顆
枸杞子	6 克
胡椒粉	適量
鹽	適量

1 選擇紅潤飽滿有彈性的雞腿，雞肉的表面濕潤不黏手，代表是新鮮的，回家後沖洗乾淨，在水裡浸泡 15 分鐘，以泡除血塊。

2 把鮮香菇洗淨，可在表面劃上十字刀，方便成熟和入味。

3 把老薑洗淨，用刮刀仔細刮去表皮，再切成厚約 2 公釐的片。

4 把泡好的雞腿肉撈出，再次沖洗乾淨，切成邊長約 3 公分的塊。

5 取一湯鍋，把切好的雞腿肉放在鍋底，再放上切好的薑片。

6 向湯鍋內加入足量涼水，開大火，把雞腿肉燙一下，期間不斷撇去浮沫。

營養提示

香菇富含多種胺基酸、礦物質，及香菇多醣等植物化學物質，不僅是人們理想的美味佳餚，而且具有良好的保健功能和較高的藥用價值，可以預防和治療多種疾病。

7 直到不再有浮沫產生時，把紅棗和枸杞子放入鍋內，轉中火。

8 20 分鐘後，把香菇放入鍋內，再煮 15 分鐘關火，加適量胡椒粉和鹽調味即可。

椰子雞湯

 烹飪時間 **120 分鐘**　 難易程度 **簡單**

特色 清香的椰汁搭配質地緊實的土雞肉，小火慢煲一個半小時，就可以收獲滿滿一大碗的香甜。

剩下的椰子千萬不要扔掉，還可以做椰殼雞湯，或直接把椰肉吃掉也可以。

★ **主食材** ★

土雞	半隻
椰子	1 顆

★ **配料** ★

蜜棗	2 顆
鹽	適量

1 首先去掉雞皮、雞頭、雞屁股和肥油，再把雞肉上的血塊沖洗洗淨，在清水中浸泡 20 分鐘。

2 浸泡好後，把土雞撈出來，剁成小塊，再次沖洗乾淨備用。

3 椰子本身有孔，可以用筷子在椰子一端多戳幾下，找到小孔，並用力戳下去。

4 把戳好孔的椰子倒放在一個碗上，讓椰汁流入碗中。

5 取一個湯鍋（砂鍋更佳），把剁好的雞肉放入鍋底，把椰汁倒入鍋中，再加入適量清水。

6 開大火，把水燒開，用湯勺撈去浮沫，緩緩攪動雞肉，一直把浮沫撇乾淨。

7 不再有浮沫產生之後，把蜜棗放入鍋中，加鍋蓋，轉成小火。

8 用小火煲 1.5 小時就可以關火了，最後加鹽調味即可。

黃耆雞湯

 烹飪時間 160 分鐘　 難易程度 簡單

特色 不管煲什麼湯都可以放的黃耆，這次選擇和老母雞做搭檔，又會給我們帶來怎樣的驚喜呢？讓我們一起見證吧！

在剁雞時，最好讓每塊肉都帶有骨頭，這樣肉不會因為長時間熬煮變得又老又柴，而且吃的時候也比全是肉的更好吃。

★ 主食材 ★

老母雞	半隻
黃耆	30 克

★ 配料 ★

鹽	適量

1 將老母雞在清水中沖洗乾淨，注意一定要把血塊沖掉，檢查一下雞皮表面是否還有殘留的雞毛，在清水中浸泡20 分鐘。

2 將黃耆稍作沖洗，再泡在一小碗清水中備用。

3 老母雞浸泡好後，撈出來，再次沖洗乾淨，並剁成小塊。

4 取一個湯鍋，把雞塊放入鍋內，加入足量清水。

5 開大火，把水煮滾，再撇去不斷產生的浮沫，直到不再產生。

6 再把黃耆從小碗中撈出，放入鍋內，大火熬煮5 分鐘。

7 5 分鐘後轉小火，蓋上鍋蓋，煲2 小時。

8 2 小時後關火，加入適量鹽調味即可。

鳳梨雞湯

 烹飪時間 40 分鐘   難易程度 中等

雞胸肉，少量鳳梨，起鍋前撒點蔥花，酸甜爽口，回味無窮，這種炸裂的美味會傳遞到你的每一寸末梢神經。

挑選雞胸肉時應選擇肉質緊實、有彈性,並且看起來是粉色、帶有光澤的,這樣的雞胸肉才是新鮮健康的。

★ 主食材 ★

雞胸肉	300 克
鳳梨	1/4 顆

★ 配料 ★

薑	5 克
香蔥	10 克
太白粉	20 克
植物油	5 克
鹽	適量

1 將雞胸肉上的白膜和肥油去掉,再在清水中沖洗乾淨,順著紋理切成片。

2 把薑在清水中沖洗乾淨,刮去表皮,再切成細絲;香蔥洗淨後切碎。

3 用刀把鳳梨的皮和硬心切掉,把鳳梨切成厚約1公分的片,並泡在淡鹽水中,以去除澀味。

4 把太白粉和一點鹽放在一個碗中,把切好的雞胸肉片放入碗中,均勻裹上太白粉。

5 取一鍋燒熱,加入適量植物油,待油溫五成熱時,放入薑絲,煸炒幾下。

6 再把裹好太白粉的雞肉片放入鍋中,炒至成熟並微微發黃。

營養提示

鳳梨生熟都可以食用,其含有豐富的糖、蛋白質、脂肪、維生素等。此外,鳳梨還含有膳食纖維,能夠潤腸通便。鳳梨中的蛋白酶還可以幫助消化肉食,非常適合與肉類搭配食用。

7 同時把鳳梨從淡鹽水中撈出,瀝乾水分後放入鍋中,大火翻炒幾下,並加入適量清水。

8 蓋上鍋蓋,煮20分鐘後關火,加適量鹽調味,撒入香蔥碎即可。

高麗參燉雞

 烹飪時間 **150 分鐘**　 難易程度 **中等**

★ 主食材 ★

老母雞	1 隻

★ 配料 ★

高麗參	20 克
乾香菇	15 克
糯米	40 克
紅棗	3 顆
枸杞子	10 克
老薑	5 克
鹽	適量

COOKING TIP

在雞的腹腔內放入糯米和紅棗是為了讓整隻雞在煲煮時不容易變形，而且糯米會吸收雞的油分，使糯米變得更油潤，而雞也因為糯米吸油的原因變得更加清香。

1 將老母雞在清水中沖洗一下，切掉頭部、雞爪和雞屁股，再在清水中浸泡30分鐘。

2 高麗參快速水洗，提前在熱水中浸泡一晚，等隔天變柔軟後取出，泡參的水不要倒掉。

3 乾香菇在清水中沖洗乾淨，尤其是傘菌褶皺處，並浸泡在清水中，待柔軟後取出，香菇汁保留備用。

4 糯米提前洗淨，浸泡一夜；薑洗淨後刮去老皮，切成薄片放在一旁備用。

5 鍋內裝滿清水，把泡好洗淨的雞放入鍋中，用小火慢慢加熱，待水煮滾後蓋上蓋子，燜3～5分鐘，撈出備用。

6 將糯米、紅棗、薑片從腹腔塞入，八成滿即可，再用牙籤把翅膀固定在雞身上。

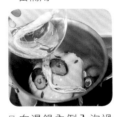

7 向湯鍋內倒入泡過高麗參和香菇的水，再加適量水，放入老母雞，再加入泡發好的香菇和高麗參、枸杞子，開大火。

8 大火煮滾後，用湯勺不斷撇去浮沫，改小火煲1.5小時，再關火加適量鹽調味即可。

百合玉竹養顏雞湯

| 烹飪時間 | 120 分鐘 | 難易程度 | 簡單 |

若想吃肉，可以把雞腳換成雞翅或雞腿，但一定要選擇有骨頭的雞肉，純雞肉的湯不會很鮮美，並且肉也會變老不好吃。

★ 主食材 ★

| 雞爪 | 6 隻 |

★ 配料 ★

百合	15 克
玉竹	15 克
薏仁	15 克
薑	5 克
鹽	適量

特色 含有滿滿膠原蛋白的雞爪，經過長時間煲煮，稍微用舌頭抿一下就骨肉分離了，再喝一口靚湯，混合著百合和玉竹淡淡香味的湯頭，令人難以忘懷。

1 用剪刀把雞爪的趾甲剪掉，在清水中沖洗乾淨，最好用小刷子把雞爪刷一遍，可以刷掉看不到的汙漬。

2 把百合、玉竹和薏仁沖洗一下，再泡在一小碗清水中。

3 薑洗淨後刮去表皮，再切成厚約 2 公釐的薑片。

4 取一個湯鍋，把雞爪和薑片放入鍋內，加入適量清水，開大火把雞爪燙一下。

5 水滾後，撈出雞爪，捨棄薑片。

6 再取一個砂鍋，把百合、玉竹和薏仁連水一同倒入鍋中，再加入適量的清水，開大火煮滾。

7 水滾後，把雞爪放入砂鍋中，等水再次煮滾後蓋上鍋蓋，轉小火。

8 小火煲煮 1.5 小時後關火，加入適量鹽調味即可出鍋。

香菇烏雞湯

 烹飪時間 **140 分鐘**　難易程度 **簡單**

★ 主食材 ★

烏骨雞	1 隻
乾香菇	50 克

COOKING TIP

★ 配料 ★

生薑	10 克
香蔥	3 根
紅棗	5 克
枸杞子	1 小把
雞粉	少許
鹽	2 茶匙

乾香菇泡發後，如果有的較大，可將其撕成兩半，口感更佳；烏骨雞首次煮滾後，會有浮沫出現，為了使湯頭更加清透，要將浮沫全部撈掉，再進行後續步驟。

1 烏骨雞洗淨後，去掉頭和屁股，剪去腳趾，在清水中浸泡 30 分鐘，以去除血汙和雜質。

2 乾香菇提前用溫水泡發，再仔細洗淨，尤其是傘蓋的褶皺中，裡面會藏有泥沙。

3 生薑去皮洗淨後切成薑片；香蔥洗淨後打成蔥結。

4 紅棗洗淨，去掉棗核；枸杞子洗淨備用。

5 將泡好的烏骨雞再次沖淨後放入湯煲內，倒入足夠多的清水，開大火煮至沸騰，撇去浮沫。

6 接著放入薑片、蔥結、泡發好的香菇，繼續煮滾後轉小火加蓋慢燉 80 分鐘。

7 再放入洗淨的紅棗和枸杞子，繼續用小火燉約 20 分鐘。

8 最後關火，加入鹽和少許雞粉，攪拌均勻即可。

烏雞四神湯

⏱ 烹飪時間 **160 分鐘**   📊 難易程度 **簡單**

特色　烏雞可是女人健康的好朋友，這款烏雞四物湯，是用烏雞和四味對女人身體有益的中藥材煲制而成的。經常喝，許你好氣色。

★ 主食材 ★

烏骨雞	半隻

★ 配料 ★

當歸	10 克
川芎	8 克
白芍	12 克
熟地	12 克
薑	5 克
鹽	適量

COOKING TIP

這道湯有活血的功效，特別適合女性飲用，但是要注意在經期時不可以喝。

1 把烏骨雞在流水下沖洗乾淨，再在清水中浸泡 20 分鐘。

2 20 分鐘後，把烏骨雞撈出，再次沖洗一下，再切成小塊。

3 把薑洗乾淨，用刮刀把皮刮掉，再切成厚片。

4 把當歸、川芎、白芍和熟地稍微沖洗一下，再泡在一小碗清水中。

5 取一個砂鍋，把烏雞塊和薑片放入鍋中，再加入足量清水，開大火。

6 待大火把湯煮沸，用湯勺撇出浮沫，直到不再產生浮沫。

7 把當歸、川芎、白芍和熟地從小碗中撈出，再放入砂鍋中，蓋上鍋蓋，轉小火。

8 小火煲 2 小時，關火，加入適量鹽調味即可。

螺肉雞爪木瓜湯

 烹飪時間 **90 分鐘**　難易程度 **簡單**

★ 主食材 ★

雞爪	6 隻
響螺肉	30 克
木瓜	100 克

★ 配料 ★

銀耳	1 朵
枸杞子	3 克
鹽	適量

 COOKING TIP

在挑選木瓜時，如果想讓湯變得香甜，可以選擇稍微軟一些的；如果想讓湯清澈淡雅，就要選擇稍微硬一些的。

1 將雞爪用小刷子刷洗乾淨，剪去趾甲，在清水中浸泡20 分鐘。

2 將響螺肉去掉腸部，用鹽把肉搓一遍，並在清水中沖洗乾淨。用鹽的目的是殺菌。也可直接購買螺肉片乾，泡發洗淨就可以。

3 將木瓜表面洗淨，刮去表皮，再用湯匙把木瓜子去掉，切成比較大的滾刀塊，因為木瓜很容易熟，所以要切大一些。

4 將銀耳、枸杞子在清水中沖洗一下，再泡到一小碗清水中備用。

5 取一個湯鍋，燒一鍋開水，把洗好的響螺肉在滾水中燙一下，撈出備用。

6 取一個砂鍋，把雞爪、銀耳和枸杞子一起放入鍋內，再加入適量清水，開大火。

7 水滾後，把表面上的浮沫撇除，再加入響螺肉，蓋上鍋蓋，轉小火。

8 30 分鐘後，放入木瓜塊，小火煲煮20分鐘後，關火加鹽調味即可。

紅棗花生煲雞爪

🔥 烹飪時間 95 分鐘　　難易程度 簡單

特色
瞬間讓你元氣滿滿的一道湯，經過1小時的煲煮，紅棗變得香甜軟爛，花生也軟糯爽口，雞爪更是入口即化，這柔和的口感搭配著鮮甜的湯頭，讓人欲罷不能。

★ 主食材 ★

雞爪	6 隻

★ 配料 ★

紅棗	10 顆
花生米	20 克
薑	5 克
鹽	適量

挑選花生米時，最好選用紅衣花生，因為紅衣花生米的補血效果是最好的。

1 雞爪用小刷子刷洗乾淨，並且剪去趾甲，洗淨後在清水中浸泡 20 分鐘。

2 將紅棗和花生米沖洗一下，用剪刀把紅棗剪開，去掉棗核，放在一旁備用。

3 薑洗淨後刮去表皮，再切成約 2 公釐厚的片。

4 撈出雞爪，再次沖洗後放入砂鍋中，加入切好的薑片和適量清水，開大火煮滾。

5 用湯勺撇去少量的浮沫，把紅棗和花生米放入鍋內，大火煮 3 分鐘。

6 3 分鐘後，蓋上鍋蓋，轉小火煲 1 小時，再關火加適量鹽調味即可。

冬瓜薏仁煲水鴨

這碗有態度的冬瓜薏仁煲水鴨，肉爛湯濃，還有軟爛爽口的冬瓜，口感筋道的薏仁，微微泛著油光的湯頭，直叫人魂牽夢縈，久久不能忘懷。

烹飪時間 90 分鐘　　難易程度 簡單

這是一道適合夏天喝的湯，冬瓜是特別清熱的一種蔬菜，並且清熱的功效主要在瓜皮而並非瓜肉，所以要想發揮冬瓜的最大功效，冬瓜就要連皮切塊來煲湯。

★ 主食材 ★

水鴨腿	1 隻
薏仁	70 克
冬瓜	200 克

★ 配料 ★

陳皮	3 片
蜜棗	2 顆
鹽	適量

1 把買回來的鴨腿洗乾淨，在清水中浸泡 20 分鐘，以去除部分腥味和油汙。

2 提前將薏仁和陳皮洗淨後，分別在小碗中浸泡一夜，可以更好煮熟和出味。

3 把鴨腿撈出，沖洗乾淨，並且剁成小塊，再次沖洗乾淨備用。

4 把冬瓜沖洗乾淨，去掉瓜子和瓜瓤，直接帶皮切成約 2.5 公分的塊狀。

5 把蜜棗、水鴨塊和薏仁、陳皮連水一同倒入鍋內，再加入適量清水，開大火。

6 水滾後，撇去不斷產生的浮沫，直到不再產生。

營養提示

冬瓜含維生素 C 較多，且鉀鹽含量高，鈉鹽含量較低，可以消腫利尿，也可以減肥，冬瓜性寒味甘，清熱生津，適合在夏天食用。

7 將冬瓜塊放入鍋中，保持大火，再次煮滾，再轉小火。

8 蓋上鍋蓋，小火煲 1 小時，再關火，加適量鹽調味即可。

沙參玉竹老鴨湯

《本草求真》裡說，老鴨是「食之陰虛亦不見燥，陰虛亦不見冷。」搭配沙參玉竹和老薑，合而為湯，滋陰清潤、去疾補虛，湯頭清淡，唇齒留香。

 烹飪時間 160 分鐘　 難易程度 簡單

COOKING TIP

挑選鴨子時一定要注意識別注水鴨，注過水的鴨，翅膀下一般有紅針點，皮層有打滑的現象，肉質也特別有彈性。最快的辨識方法是：用手指在鴨腔內膜上輕輕摳幾下，如果是注過水的鴨，就會從肉裡流出水來。

★ 主食材 ★

老鴨	1 隻
	（約 600 克）
北沙參	60 克
玉竹	60 克

★ 配料 ★

老薑	5 克
鹽	適量

1 檢查老鴨，看是否還有未褪乾淨的毛，沖洗一下，再剁成塊，在清水中浸泡 30 分鐘，以去除血汙和浮油。

2 北沙參和玉竹沖洗乾淨，北沙參瀝乾後備用，玉竹在清水中浸泡 30 分鐘。

3 老薑洗淨後，用刮刀刮去老皮，再切成片。

4 取一個湯鍋，把泡好的鴨塊再次沖洗後放入鍋內，再放上薑片，加入足量的清水，不要蓋鍋蓋，開大火。

5 水滾後，用湯勺慢慢撇去浮沫，直到不再有浮沫產生。

6 再蓋上鍋蓋，改用小火煲 30 分鐘後，打開鍋蓋，用湯勺撈去湯面上的鴨油。

營養提示

中醫認為，鴨肉可大補虛勞、滋五臟之陰、補血行水、養胃生津，對病後體虛，營養不良性水腫者有食療功效。

7 向砂鍋內放入北沙參和玉竹，蓋上鍋蓋，小火繼續煲 1.5 小時。

8 1.5 小時後關火，打開鍋蓋，放入適量鹽調味即可。

酸蘿蔔老鴨湯

一鍋老鴨湯，是多少婆婆媽媽的心頭好啊！
來上一碗，補而不燥，清而不淡，體熱上火
者別再費勁另尋他法了。

烹飪時間 160 分鐘　難易程度 簡單

COOKING TIP

在加鹽之前，可以先盛一點湯嘗一下鹹淡，再根據情況放鹽，因為酸蘿蔔本來就有鹹味，一不小心就容易把湯做得太鹹了。

★ 主食材 ★

老鴨　　　　　1 隻
　　（約 600 克）
酸蘿蔔　　300 克

★ 配料 ★

老薑　　　　　5 克
鹽　　　　　適量

營養提示

老鴨的營養價值很高，老鴨肉含蛋白質、脂肪、碳水化合物、多種維生素及礦物質等，且老鴨肉中的脂肪含量適中，比豬肉低，易於消化，並較均勻地分布於全身組織中。

1 將買回來的老鴨洗淨後剁成大塊，再在清水中浸泡 30分鐘，以去除血汙和浮油。

2 酸蘿蔔不用去皮，直接切成大塊，切好後放在一旁備用。

3 老薑洗淨後刮去老皮，切成大塊後，用刀拍扁，這樣在煲湯時更容易出味。

4 將切好的鴨塊撈出，再次洗淨後和拍好的老薑一同放入一個砂鍋內，再向鍋內加入足量的水，開大火。

5 等大火把水煮滾後，轉中火，用湯勺把不斷產生的浮沫撈乾淨，直到不再產生。

6 再蓋上鍋蓋，轉小火，煲 1 小時。

7 1 小時後，打開鍋蓋，把表面的浮油撈乾淨，再放入切好的酸蘿蔔塊。

8 蓋上鍋蓋，繼續煲1 小時後關火，再加入適量鹽調味即可。

花膠補血
養顏鵪鶉湯

對女人來說，永保青春幾乎是每個人的夢想。花膠補血養顏鵪鶉湯選用多種對女人身體有益的食材和藥材小火慢煲而成的，湯頭清淡鮮香，能補血養顏。

烹飪時間 140 分鐘　　難易程度 中等

80

鵪鶉的頭和脖子上的皮都要去掉，
這樣煲的湯才會清香、不油膩。

★ 主食材 ★

鵪鶉	2 隻

★ 配料 ★

花膠	3 個
紅棗	5 個
黃耆	50 克
蟲草參	8 條
海底椰	5 片
蓮子	5 粒
薑	5 克
鹽	適量

1 鵪鶉在清水中沖洗乾淨，尤其是胸腔內，要把血塊都沖洗乾淨，再在清水中浸泡 20 分鐘。

2 將花膠、紅棗、黃耆、蟲草參、海底椰片、蓮子沖洗乾淨，再分別泡在六個小碗裡，可以提前泡，浸泡 2 小時或更久。

3 將薑洗淨後刮去老皮，再切成 2 公釐厚的片，紅棗去核。

4 將鵪鶉撈出，在清水中沖洗乾淨，放在燉盅裡。

5 再把除鹽以外的其他配料：放入燉盅，加入足量的清水，淹沒所有食材。

6 把燉盅放入蒸鍋，加水至燉盅的一半處，開大火。

養提示

鵪鶉肉中富含蛋白質，還含有多種維生素和礦物質，是典型的高蛋白、低脂肪、低膽固醇食物，特別適合中老年人、心血管病及肥胖病患者食用。

7 把燉盅和蒸鍋的鍋蓋都蓋上，大火蒸煮 1 小時。

8 1 小時後轉小火，再煮 1 小時，再關火加鹽調味即可。

蒸乳鴿

烹飪時間 **240 分鐘**　　難易程度 **簡單**

你可不要小瞧乳鴿，在那小小的身軀裡可蘊藏著巨大的能量，再搭配上老薑、紅棗和枸杞子，高湯清淡細膩，乳鴿肉質細嫩鮮香，讓你整個冬天都活力滿滿。

COOKING TIP

為了讓乳鴿的湯更加濃香，所以要煲較長時間，但是長時間的加熱會讓乳鴿的肉質變老，隔水蒸就可以很好地解決這一問題，不但使湯更醇香，而且乳鴿的肉也不會變老，營養成分也不會流失。

★ 主食材 ★

乳鴿	1 隻

★ 配料 ★

薑	5 克
紅棗	3 顆
枸杞子	5 克
鹽	適量

1 檢查買回來的乳鴿褪毛是否乾淨，再用清水沖洗乾淨，在清水中浸泡 30 分鐘。

2 將薑洗淨後刮去表皮，再切成 2 公釐厚的片。

3 紅棗稍微沖洗一下，用刀把紅棗切成兩半，把棗核挖去。

4 枸杞子在清水中沖洗一下，再和紅棗一起泡在一小碗清水中，浸泡 20 分鐘。

5 取一個蒸盅，把乳鴿撈出來再次沖洗後放入蒸盅內，把切好的薑片和紅棗、枸杞子連水一併放入蒸盅。

6 把蒸盅放在湯鍋裡，向蒸盅內加水，加到剛剛好淹過食材即可。

營養提示

乳鴿的骨內含豐富的軟骨素，常吃能增強皮膚彈性，改善血液循環。乳鴿肉含有較多的支鏈胺基酸和精氨酸，可促進體內蛋白質的合成，加快創傷癒合。常吃可使身體強健、養顏美容。

7 再向蒸鍋內加水，加到蒸盅高度的一半處，蓋上蒸盅和蒸鍋的鍋蓋，開大火。

8 大火蒸 1 小時，轉小火煲 2 小時，關火，再悶半小時開蓋，加入適量鹽調味即可。

乳鴿蓮子
紅棗湯

乳鴿味道鮮香、肉質細嫩，採用燉盅去蒸，可確保乳鴿的完整和口感，加上搭配蓮子和紅棗，在冬天能喝上這樣一碗湯，暖身又暖胃。

烹飪時間　180 分鐘　　難易程度　中等

★ 主食材 ★

乳鴿　　　　　1 隻

★ 配料 ★

去心乾蓮子　10 克
紅棗　　　　6 顆
鹽　　　　　適量

1 乾蓮子提前 2 小時
浸泡，這樣會使蓮
子變軟，更容易煮
熟。

2 將乳鴿沖洗乾淨，
再剁成塊，在清水
中浸泡 30 分鐘。

3 將紅棗沖洗乾淨，
再用刀把紅棗切
成兩半，把棗核去
除。

4 取一個湯鍋，將切
好的乳鴿塊撈出，
再次沖洗乾淨後把
乳鴿放入鍋中，再
加入足量的清水，
開大火汆燙。

5 水滾後，大火滾煮
3 分鐘，把浮沫煮
出來，再關火，撈
出乳鴿塊。

6 將燙過的乳鴿塊和
蓮子、紅棗放入燉
盅裡，加入適量熱
水。

營養提示

中醫認為，蓮子具有
補脾止瀉、養心安
神、益腎固精等食
療功效。紅棗則富
含鐵質，有滋陰補
血的作用。與乳鴿
搭配煲湯，可益氣
補血、補肝壯腎，
讓你在冬季也充滿
生機活力。

7 將燉盅放入蒸鍋
內，加入淹到燉盅
一半的清水，蓋上
燉盅和蒸鍋的鍋
蓋。

8 開大火煮 2 小時，
打開鍋蓋加入適量
鹽調味即可。

鴨架湯

 烹飪時間 120 分鐘　　難易程度 中等

特色 經過高溫烤制的鴨架有濃濃的香味，但幾乎都是骨頭，扔掉覺得可惜的話，不妨用它來煲湯，無需添加其他佐料，蓋上鍋蓋，靜靜等待兩小時，打開鍋蓋便是奶白醇厚的鴨架湯。

★ 主食材 ★

鴨架　　　1 具

★ 配料 ★

薑　　　　5 克
鹽　　　　適量

加水一定要一次性加足，不可以在中途加水，這樣會破壞靚湯濃厚的香味。

1 將鴨架（吃烤鴨剩下的）上的內臟、血塊等髒東西去掉，再切成大塊。

2 薑洗淨後刮去表皮，切成 2 公釐厚的片。

3 找一個砂鍋，把鴨架和薑片放入鍋內，再加入足量的清水，開大火。

4 等鍋內的水煮滾後，轉中火，用湯勺把表面的浮沫撇淨。

5 蓋上鍋蓋，轉小火，煲 20 分鐘。

6 20 分鐘後，打開鍋蓋，用湯勺把表面的浮油撇去。

7 蓋上鍋蓋，用小火繼續煲 1 小時。

8 1 小時後，關火，再加入適量鹽調味即可。

第 四 章

河海鮮湯

紅豆鯽魚湯

 烹飪時間 130 分鐘　　 難易程度 中等

軟糯香甜的紅豆搭配鮮香肥美的鯽魚，小火慢慢煲出令人相思的美味，濃白的魚湯，沉著幾顆紅豆，那滋味讓人欲罷不能。

COOKING TIP

鯽魚先經過煎制，再用來煲湯，這樣處理沒有腥味，而且湯汁的味道會更鮮美。

★ 主食材 ★

大鯽魚	1 條
	（約 300 克）
紅豆	150 克

★ 配料 ★

薑	5 克
植物油	3 克
鹽	適量

1 買回鮮活的鯽魚，去鱗去鰓、去內臟，再洗淨，在魚身上斜著劃幾刀，放在一旁備用。

2 紅豆洗淨，在清水中浸泡一會兒。

3 薑洗淨後刮去老皮，切成厚片。

4 取一個砂鍋，倒入 1000 毫升清水，再把紅豆倒入，開大火。

5 炒鍋燒熱，用薑片沿鍋子內壁擦一圈，這樣可以有效防止煎制時黏鍋。

6 放油燒至七成熱，即能看到輕微油煙時，放入鯽魚煎至兩面變色，加入少量砂鍋中煮滾的清水。

營養提示

紅豆含有較多的皂角苷和膳食纖維，可刺激腸道，因此它有良好的利尿和潤腸通便作用，能解酒、解毒，而且紅豆是富含葉酸的食物，產婦、乳母多吃紅豆有催乳的功效。

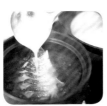

7 鯽魚及湯水倒入煮有紅豆的砂鍋中，燉煮 1.5 小時。

8 最後根據自己的口味加入鹽調味。

冬瓜鯽魚湯

烹飪時間 90 分鐘　　難易程度 簡單

鯽魚先煎再煮，不僅保持了魚完整的形狀，而且經過高溫煎制的魚皮鎖住了魚肉的水分，使魚肉在燉煮的過程中不會變柴，而且魚湯會變得白白的，再加入一點冬瓜輔助，湯頭更加清香鮮美。

鯽魚煎過後再燉湯，香味更加濃郁，燉湯時一定要一次性加足水，後續加水會大大破壞湯的口感。

★ 主食材 ★

| 鯽魚 | 1 條 |
| 冬瓜 | 350 克 |

★ 配料 ★

生薑	5 克
大蔥	10 克
香蔥	2 根
白胡椒粉	1/2 茶匙
鹽	2 茶匙
油	少許

1 鯽魚去鱗去鰓、去內髒，再洗淨備用。

2 冬瓜去皮去瓤，洗淨，切薄片備用。

3 生薑去皮洗淨，切薑片；大蔥洗淨，切蔥絲；香蔥洗淨，切蔥粒。

4 炒鍋內倒入少許油，燒至七成熱，放入洗淨的鯽魚。

5 小火慢慢煎至鯽魚兩面金黃，再放入薑片、蔥絲一起爆香。

6 接著將鯽魚連同薑絲、蒜片一起倒入砂鍋內，並加入足量開水。

營養提示

鯽魚肉質細嫩，肉味甜美，營養價值很高，每百克肉含蛋白質 13 克，脂肪 11 克，並含有大量的鈣、磷、鐵等礦物質，鯽魚所含的蛋白質質優，齊全、易於消化吸收，並且有健脾利溼、和中開胃、活血通絡、溫中下氣之功效。

7 大火煮滾後轉小火燉 40 分鐘，再放入冬瓜片，繼續煮至冬瓜熟透。

8 最後加入白胡椒粉、鹽調味，撒入香蔥粒即可。

鯽魚豆腐湯

烹飪時間 **40 分鐘**　　難易程度 **簡單**

這道鯽魚豆腐湯，多數是婆婆媽媽為產婦準備的催奶湯。對於大多數人來說，秋冬季節來一碗好喝的魚湯暖暖身子也是極好的。

COOKING TIP

鯽魚洗淨後,在魚身兩面分別淺淺斜劃兩刀,可使它煮煮更加入味。

★ 主食材 ★

鯽魚	1 條
嫩豆腐	200 克

★ 配料 ★

生薑	5 克
香蔥	2 根
料理米酒	1 湯匙
白胡椒粉	1/2 茶匙
雞粉	1/2 茶匙
鹽	1 茶匙
油	少許

1 生薑洗淨後去皮,再切成薑絲;香蔥切去根鬚,洗淨並打成蔥結。

2 將鯽魚去除魚鱗、魚鰓及內臟,注意要把魚腹腔內壁的有毒黑膜去掉。魚處理好後放在碗中,加入薑絲、料理米酒拌勻,醃 15 分鐘,以去除腥味。

3 嫩豆腐切 2 公分的塊狀。

4 取一炒鍋,鍋內倒入少許油,燒至七成熱,放入醃好的鯽魚,小火慢煎至魚身微焦。

 養提示

這道鯽魚豆腐湯口味鹹鮮可口,鯽魚有著很好的催乳功效,豆腐更含有豐富的營養價值,對於產後婦女十分有益。

5 再向鍋內倒入適量開水,並放入蔥結,大火煮滾,再放入切好的豆腐塊。

6 最後待鯽魚熟透後,放入白胡椒粉、雞粉、鹽調味即可。

魚頭豆腐湯

 烹飪時間 90 分鐘　 難易程度 中等

乳白色的湯滋味鮮香，滑嫩的豆腐口感細膩，滿滿的誠意端上桌來，這道湯不僅可以暖身健腦，還可以使人皮膚潤澤細膩，乾冷的秋冬季節最適合來一碗。

★ 主食材 ★

魚頭	1 個
豆腐	250 克

★ 配料 ★

薑片	10 克
香蔥	20 克
鹽	適量
油	適量

1 將魚頭的鰓去除，用清水沖洗乾淨，縱刀剖成兩半；薑洗淨後切片；香蔥去根，洗淨後切粒。

2 把豆腐切成 2.5 公分的塊狀，同時煮滾適量清水備用。

3 取一炒鍋，將炒鍋燒熱，用薑把鍋子的內壁擦拭一遍，可有效地防止煎時魚皮黏鍋。

4 鍋內加入少量油，燒至七成熱，即能看到輕微油煙，放入魚頭煎至兩面變色。

5 再加入足量煮滾的清水，將魚頭及湯水轉入鍋中，燉煮 1 小時至湯色逐漸變為濃白色。

6 此時把豆腐塊加入鍋中，再燉煮 15 鐘即可關火。

養提示

豆腐的營養價值與牛奶相近，對於因乳糖不耐症而不能喝牛奶，或為了控制慢性病不吃肉禽類的人而言，豆腐是最好的代替品。

7 最後根據自己的口味加入適量鹽調味，撒入香蔥粒即可。

寬粉燉魚頭

烹飪時間 60 分鐘　　難易程度 中等

在寒冷的冬季煲一鍋暖胃又暖身的魚頭湯成了更多家庭的新選擇，再加上有飽足感的寬冬粉，好喝又滿足，現在就為家人煲一鍋吧！

萵苣筍皮一定要削乾淨,並且連同那層硬壁一同
削去,否則影響口感;如果買來的萵苣筍根部較
老,也要切掉不要。

★ 主食材 ★

魚頭	1 個
寬冬粉	150 克
萵苣筍	300 克
金針菇	200 克

★ 配料 ★

蒜末	5 克
薑末	5 克
蔥花	5 克
料理米酒	1 茶匙
淡醬油	2 茶匙
鹽	2 茶匙
油	適量

1 將魚頭的鰓挖去,仔細清洗乾淨,用料理米酒和鹽把內外塗抹均勻,醃片刻以達到去腥和入味的目的。

2 利用醃的時間,將萵苣筍的表皮用刀削去,再洗淨切薄片;寬冬粉用溫水泡軟,洗淨待用。

3 金針菇撕成小束,洗淨備用,如果根部有泥沙,可以切去。

4 取一炒鍋,鍋中放入少許油燒至七成熱,放入醃好的魚頭,煎至兩面微焦後,關火將魚頭取出。

5 炒鍋洗淨後再次上火,倒入適量油燒熱,放入薑末、蒜末爆出香味。

6 再放入萵苣筍片,快速翻炒 2 分鐘;接著放入金針菇翻炒至變軟。

營養提示

魚頭和魚肉一樣,都是高蛋白的食品,同時魚頭中的 DHA 含量也很高,能夠促進大腦發育,對於動腦者來說,是不錯的補養品。其次,魚眼中的維生素 A、維生素 D 含量頗高,對視網膜的健康也有幫助。

7 再放入煎好的魚頭,並加入適量開水,開大火,煮滾後放入泡好的寬冬粉煮 3 分鐘。

8 再次煮滾後加入淡醬油,轉小火蓋上鍋蓋燉煮 20 分鐘,出鍋前加鹽調味,撒入蔥花即可。

魚頭香蔥湯

烹飪時間 30 分鐘　難易程度 簡單

魚頭雖然肉不多，但卻蘊含魚特有的鮮香，
先在油中煸炒一下，再加水熬煮，不一會兒
香味就會透過鍋蓋慢慢滲透出來了。

COOKING TIP

魚頭煎，煎後再煮湯，會更香；香蔥的白色部分不要挑去，一起用來煮湯，香味更甚。

★ 主食材 ★

| 魚頭 | 1 個 |
| 香蔥 | 100 克 |

★ 配料 ★

生薑	10 克
鹽	2 茶匙
油	少許

1 魚頭去鰓，對半切開，仔細清洗乾淨待用。

2 生薑洗淨，切薑絲；香蔥洗淨，切蔥粒。

3 炒鍋內倒入少許油，燒至七成熱，放入薑絲爆香。

4 接著放入洗淨的魚頭，小火煎至魚頭微焦。

營養提示

魚頭營養高、口味好，富含人體必需的卵磷脂和不飽和脂肪酸，對降低血脂、健腦及延緩衰老有好處。

5 倒入適量清水，大火煮滾。

6 最後放入香蔥粒，並加鹽調味即可。

黃魚燉豆腐

鮮嫩彈牙的魚肉、嫩滑的豆腐，都被包裹上濃厚的醬汁，不僅飽了口福，而且讓你的身體一整個冬天都是暖暖的。

 烹飪時間 40 分鐘　難易程度 中等

煎黃魚時，魚皮很容易脫落，所以一定要熱油煎，盡量少翻面；豆腐也很容易碎掉，可以在下鍋之前燙一下水。

★ 主食材 ★

黃魚	2 條
豆腐	250 克

★ 配料 ★

薑	2 片
大蒜	3 瓣
蔥花	適量
醬油	1 湯匙
醋	1 茶匙
料理米酒	1 茶匙
太白粉	適量
白砂糖	1/2 茶匙
鹽	適量
油	適量

1 黃魚去鱗、去內臟、去鰓後洗淨備用，一定要把魚腹腔內壁黑色膜去掉。

2 薑片洗淨切薑末；大蒜剝皮洗淨切蒜末。

3 豆腐切成 2 公分的塊狀。

4 將洗淨後的黃魚均勻拍上太白粉。

5 取一炒鍋，倒入適量油，燒至七成熱，放入黃魚，煎至兩面金黃。

6 轉小火，把薑末和蒜末放入鍋內，煸炒出香味，動作要輕，不要把黃魚弄碎。

營養提示

每 100 克黃魚肉中含蛋白質 17.6 克，還有鈣、磷、鐵、維生素 B 群等營養物質，對人體有很好的補益作用，可以抗衰老、填精補氣，對貧血、失眠、頭暈、食慾不振及婦女產後體虛有很好的食療作用。

7 接著向鍋內加入料理米酒、白砂糖，倒入適量清水，並將豆腐塊倒進鍋中，大火煮 10 分鐘左右。

8 再倒入醬油、醋續煮 1 分鐘關火，加入適量鹽，依個人口味撒上蔥花即可。

花膠湯

烹飪時間 150 分鐘　難易程度 簡單

花膠含有豐富的膠原蛋白，用來煲湯可以保留最多的營養成分。加入豬肉、香菇和陳皮，不僅可以去除花膠的腥味，還能提香提鮮，是一道營養又美味的湯。

COOKING TIP

在煲花膠湯時，可以放入少量冰糖，冰糖不但可以提鮮去腥，也具有潤肺生津、益脾和胃的功用，可謂一舉兩得，在煲甜湯時都可以放一點冰糖。

★ 主食材 ★

| 花膠 | 5 筒 |

★ 配料 ★

豬肉	100 克
乾香菇	4 個
陳皮	1 塊
干貝	2 粒
螺頭	4 顆
桂圓	2 顆
鹽	適量

1 花膠提前用冷水浸泡 6 小時，再洗淨，切成小塊備用。

2 豬肉沖洗乾淨後，用刀切成約 2 公分的塊狀。

3 干貝和螺頭在清水中沖洗一下，再用滾水汆燙一下。

4 乾香菇、陳皮和桂圓泡在一小盆清水中，浸泡一夜。

5 取一個湯鍋，將豬肉塊冷水下鍋，大火煮滾汆燙，再瀝出備用。

6 取一砂鍋，把香菇、陳皮和桂圓連同水一起，以及豬肉塊、干貝和螺頭全部放入砂鍋，再加入適量清水，開大火。

營養提示

花膠含有豐富的蛋白質、膠質等，有滋陰、固腎的功效，可助人體迅速消除疲勞，對外科手術後患者傷口之恢復也有幫助。

7 大火煮滾後，撈去少量浮沫，花膠放入鍋中，大火煮 3 分鐘，再轉小火。

8 小火繼續煲 2 小時，再關火加鹽調味即可。

竹蟶筍絲湯

 烹飪時間 40 分鐘　 難易程度 簡單

細嫩的竹蟶、脆爽的酸筍，看似不合拍的兩種食材，融合在一起，竟然如此美味，湯頭酸甜，咬一口酸筍清爽，喝一口滑蟶滿足，這種味道只有自己喝了才知道。

在蟶肉表面裹一層太白粉是為了用太白粉鎖住蟶肉的水分,使其不在煸炒時影響口感,破壞它的營養成分。

★ 主食材 ★

| 竹蟶 | 300 克 |
| 酸筍 | 100 克 |

★ 配料 ★

太白粉	10 克
薑	5 克
植物油	5 克
鹽	適量

1 把竹蟶表面沖洗乾淨,生剝出蟶肉,把蟶肉沖洗乾淨後瀝乾水分備用。

2 把酸筍沖洗一下後切絲,薑去掉老皮後切薄片。

3 取一個小碗,把太白粉放入小碗中,再把蟶肉放入太白粉中,用手抓勻,使蟶肉表面均勻裹上太白粉。

4 取一個炒鍋,鍋燒熱後倒入植物油,待油溫燒至五成熱時,放入薑片,翻炒兩下後放入蟶肉。

5 待蟶肉表面的太白粉微黃後,放入切好的筍絲,再翻炒1分鐘後加入適量水,開大火。

6 等水煮滾後,轉小火煮 20 分鐘。

營養提示

蟶肉含豐富的蛋白質、鈣、鐵、硒、維生素 A 等營養元素,滋味鮮美,營養價值高,具有補虛的功能。

7 用剩下的太白粉調一點水,倒入鍋中,同時並不斷攪拌。

8 等水再次煮滾後,關火,加入適量鹽調味即可。

蝦仁
胡蘿蔔湯

烹飪時間 **55 分鐘**　難易程度 **簡單**

特色　絲滑的湯水中夾雜著粒粒蝦仁，還有清新的胡蘿蔔，一硬一軟一絲滑，三種奇妙的口感，搭配微微刺激的白胡椒，簡直好喝到一口接一口。

★ 主食材 ★

蝦仁	60 克
胡蘿蔔	200 克

★ 配料 ★

太白粉	適量
白胡椒粉	2 克
鹽	適量

COOKING TIP

切胡蘿蔔時，只需要把胡蘿蔔切到大小適中即可。放多少水則需視喝湯的人數，平均每人兩碗就夠了。

1 超市買回的冷凍蝦仁要先在流水中沖洗，再輕輕地搓洗蝦仁表面，洗淨後瀝乾水分備用。

2 胡蘿蔔洗淨後刮去表皮，切成約 2 公分的塊狀。

3 取一湯鍋，倒入適量清水煮滾。把胡蘿蔔放入鍋中，大火滾煮 5 分鐘，直到斷生。

4 再把蝦仁放入鍋中，大火煮 3 分鐘。

5 調製一碗太白粉水，半小時後，把太白粉水倒入鍋中，並不斷攪拌。

6 等到再次煮滾後關火，最後放入少量白胡椒粉和鹽調味即可。

05

第 五 章

快手滾湯

番茄蛋花湯

 烹飪時間 30 分鐘　 難易程度 簡單

用最簡單的食材做出最單純的滿足感，看著滿眼的紅紅黃黃，點綴幾粒香菜碎，再滴上幾滴香油，喝上兩大碗都不過癮。

COOKING TIP

向鍋內倒入蛋液時，一定要慢慢倒，這樣才能形成好看的蛋花，如果擔心倒不好，可以在打蛋液時加入一點點水，這樣也會形成薄薄的蛋花。

★ 主食材 ★

番茄	2 顆
雞蛋	3 顆

★ 配料 ★

香菜碎	10 克
太白粉	10 克
香油	3 克
鹽	適量

1 將番茄洗乾淨，去掉蒂，再切成小一點的滾刀塊。

2 雞蛋打入碗中，用筷子順著同一個方向攪打成蛋液。

3 煮一鍋開水，把番茄放入鍋中，大火再次燒開。

4 取一個小碗，調製一碗太白粉水，再倒入鍋中，在倒的過程中要順著同一個方向攪動。

營養提示

番茄富含維生素C、多種礦物質及有機酸，有促進消化、利尿、抑制多種細菌的作用，在炎熱的夏天，番茄是比防曬霜更好的防曬品，因為番茄富含抗氧化劑番茄紅素，每天攝取15毫克番茄紅素可將曬傷的危險係數下降40%。

5 等到水再次煮滾後，把蛋液以畫圈的方式緩緩倒入鍋中，期間也要不斷攪動，這樣才能形成蛋花。

6 倒完蛋液後馬上關火，加入適量鹽調味，依個人口味放入香菜碎和香油即可。

時蔬蛋花湯

烹飪時間 30 分鐘　難易程度 簡單

工作日的早上，來上這麼一碗好湯，綠綠的蔬菜和黃黃的蛋花，提供了滿滿的維生素和蛋白質，更重要的是，也賦予自己一整天的好心情。

淋入蛋液後，等到蛋花一浮起來就關火，否則雞蛋會老。

★ 主食材 ★

| 菠菜 | 40 克 |
| 雞蛋 | 2 顆 |

★ 配料 ★

太白粉	10 克
香油	2 克
雞粉	1 克
鹽	適量

1 檢查菠菜有無蟲眼及爛葉，再洗淨，切成 3 公分的段備用。

2 雞蛋打入碗中，順著同一個方向攪打成蛋液。

3 在湯鍋中加入適量清水，開大火煮滾。

4 水煮滾後，放入切好的菠菜，用湯勺攪動一下。

5 將太白粉倒入小碗中，加入適量清水，調成一碗太白粉水。

6 把太白粉水緩緩倒入鍋中，並不斷攪拌，轉中火。

營養提示

菠菜莖葉柔軟滑嫩、味美色鮮，含有豐富維生素 C、胡蘿蔔素、蛋白質，以及鐵、鈣、磷等礦物質，菠菜中所含的微量元素，能促進人體新陳代謝，增進身體健康。做這道湯，可根據季節變化，選擇當令的綠色葉菜即可。

7 等到水再次煮滾後，把蛋液以畫圈的方式慢慢地淋入鍋中，並用湯勺慢慢推動幾下。

8 淋完蛋液後，看到蛋液浮起來馬上關火，加入雞粉和鹽調味，依個人口味加入香油即可。

這不是一道常見的湯，第一次嘗試就帶來出乎意料的感受，烹煮後的蠶豆非常軟糯，還有炒得細細碎碎的蛋花，有青有黃，彷彿喝下它就會迎來春天。

蠶豆雞蛋湯

 烹飪時間 **30 分鐘**　 難易程度 **中等**

★ 主食材 ★

蠶豆	300 克
雞蛋	3 顆

★ 配料 ★

薑	5 克
香蔥	2 根
雞粉	1/2 茶匙
鹽	1 茶匙
油	適量

COOKING TIP

做這道蠶豆雞蛋湯時，最好將蠶豆的外皮逐一剝去，並將蠶豆瓣一分為二，不要覺得麻煩，這樣煮出來的湯更鮮更香。

1 蠶豆洗淨，瀝乾水分備用。

2 雞蛋打入碗中，加少許清水，打成均勻的蛋液備用。

3 薑去皮洗淨，切薑末；香蔥洗淨切蔥粒。

4 炒鍋內倒入適量油，燒至八成熱，倒入蛋液，小火慢煎。

5 待蛋液完全凝固後，用鍋鏟將其劃散成小塊蛋花，盛出備用。

6 鍋內再次倒入少許油，燒至七成熱，爆香薑末。

7 再倒入適量清水煮滾，放入蠶豆，大火煮至熟透。

8 最後放入蛋花，加入雞粉、鹽調味，撒入香蔥粒即可。

黃瓜煎蛋湯

烹飪時間 **30 分鐘**　難易程度 **中等**

★ 主食材 ★

黃瓜	1 根
雞蛋	2 顆

★ 配料 ★

香蔥	2 根
鹽	1 茶匙
薑末、蒜末	
	各 5 克
油	少許

COOKING TIP

打雞蛋時，往蛋液內加
少許清水或太白粉，會
使煎出來的蛋花更加
蓬鬆，口感更佳。

1 黃瓜洗淨，切掉頭尾，再斜切薄片備用。

2 雞蛋打入碗中，加入少許清水攪打成均勻蛋液備用。

3 香蔥洗淨，切蔥粒。

4 炒鍋內倒入適量油，燒至八成熱，倒入蛋液，小火煎至蛋液凝固。

5 待蛋液全部凝固後，將其散成小塊，盛出備用。

6 鍋內再倒入少許油，燒至七成熱，爆香薑末、蒜末。

7 再倒入適量清水煮滾，放入黃瓜片再次煮滾。

8 最後放入蛋花塊，拌勻後加鹽調味，撒入香蔥粒即可。

黃瓜肉片湯

烹飪時間 25 分鐘　難易程度 簡單

黃瓜切薄片入湯，湯底清亮，黃瓜透著悠悠清香，肉片更是嫩滑無比，這樣的一道湯品，絕對值得品嚐。

★ 主食材 ★

豬里脊	200 克
黃瓜	1 根

★ 配料 ★

薑	2 片
蒜	2 瓣
料理米酒	2 茶匙
淡醬油	2 茶匙
雞粉	1/2 茶匙
白胡椒粉	1/3 茶匙
太白粉	適量
鹽	適量
油	適量

1 豬里脊肉在清水中沖洗乾淨，切成 5 公釐的薄片，放入清水中浸泡 10 分鐘。

2 黃瓜洗淨後去皮，再沖洗一下，並切成滾刀塊；薑、蒜去皮洗淨，切薑末、蒜末。

3 將浸泡後的肉片撈出，再沖洗一下，瀝乾多餘水分，加少量太白粉抓勻。

4 鍋中加入適量水煮滾，倒入料理米酒，放入肉片汆燙 1 分鐘撈出。

5 取一炒鍋，放油燒至五成熱，放入薑末、蒜末爆香後加入適量水，開大火煮滾。

6 水滾後放入汆燙過的肉片，倒入少許淡醬油，再次煮滾。

營養提示

黃瓜含有豐富的葫蘆素和維生素 E，可以抗腫瘤、抗衰老、降血糖；同時，黃瓜中所含的丙醇二酸，可抑制糖類物質轉變為脂肪，也就是說，黃瓜具有減肥強體的功效。

7 再放入切好的黃瓜塊，煮 2 分鐘。

8 最後加入白胡椒粉、雞粉、鹽調味即可。

榨菜肉絲湯

烹飪時間 25 分鐘　難易程度 簡單

榨菜中的膳食纖維可以促進腸道蠕動，不僅可使人腸胃健康、身材苗條，還能解毒防癌，簡單又美味，趕快做一碗吧！

注意雞蛋要打至均勻，才能保證蛋花好看；原味榨菜如果味道過重，可以用水洗一下。

★ 主食材 ★

豬里脊	100 克
原味榨菜	50 克
胡蘿蔔	20 克

★ 配料 ★

太白粉	10 克
雞蛋	1 顆
醬油	1 湯匙
料理米酒	2 茶匙
雞粉	1/2 茶匙
香油	少許
鹽	適量
油	適量

營養提示

榨菜屬於芥菜類蔬菜，此類蔬菜含有豐富的膳食纖維，可促進結腸蠕動，防止便祕，並透過稀釋毒素降低致癌因數濃度，從而發揮解毒防癌的作用。

1 豬肉洗淨後切絲，放在一個小碗中，並倒入料理米酒和太白粉，用手抓勻，使其上漿入味。

2 胡蘿蔔洗淨後刮去表皮，再切成絲，或用刨絲器直接刨成絲；雞蛋打散備用。

3 取一炒鍋，鍋中放少量油，燒至四成熱，即手掌放在上方能感到微微熱氣時，倒入豬肉絲，翻炒至變色。

4 再加入切好的胡蘿蔔絲和榨菜，翻炒均勻，倒入少許醬油後繼續煸炒幾下。

5 向鍋中倒入適量熱水，開大火煮滾，用裝著蛋液的碗在鍋上方，一邊畫圈一邊緩緩倒入蛋液。

6 最後關火，加入適量鹽、雞粉調味，依個人口味淋入香油即可。

番茄肉丸湯

 烹飪時間 25 分鐘　　 難易程度 中等

說到番茄湯，第一個想到一定是番茄蛋花湯。其實酸酸甜甜的番茄，配上鮮爽有勁的肉丸，也能讓你一碗接一碗。

COOKING TIP

攪打豬絞肉時，可以少量多次加入清水一起攪打，直至豬絞肉吸飽水分，這樣做出來的肉丸會更加嫩滑有彈性，口感更佳。

★ 主食材 ★

豬絞肉	350 克
番茄	1 顆

★ 配料 ★

香蔥	2 根
生薑	5 克
料理米酒	1 茶匙
蠔油	1 茶匙
雞蛋白	1 個
太白粉	2 湯匙
雞粉	1/2 茶匙
鹽	2 茶匙
油	少許

1 香蔥去根鬚，洗淨，蔥白、蔥綠分別切粒備用；生薑去皮洗淨，搗成薑蓉。

2 豬絞肉加入薑蓉、料理米酒、雞蛋白、太白粉、雞粉、少許鹽抓勻，再用筷子沿同一個方向攪打至有彈性。

3 番茄去蒂，洗淨，先切成四等分，再切小滾刀塊備用。

4 炒鍋內倒入少許油燒熱，放入蔥白粒煸香，並放入番茄塊稍加翻炒，再倒入適量清水開大火煮滾。

營養提示

番茄富含多種礦物質及維生素 C，有生津止渴，健胃消食，涼血平肝，清熱解毒，降低血壓之功效，對高血壓、腎臟病有良好的輔助治療作用，多吃番茄具有抗衰老作用，使皮膚保持白皙。

5 將攪打好的豬絞肉握於手中，並沿虎口處擠出，再用湯勺舀成直徑約 2 公分的肉丸，放入鍋中。

6 將所有豬絞肉做成肉丸入鍋，大火煮至肉丸全部浮起後，加入蠔油、鹽調味，撒入蔥綠粒即可。

酸菜豬肚湯

 烹飪時間 35 分鐘　難易程度 簡單

特色 抽時間為自己煲一鍋健脾養胃的豬肚湯吧！這對於食慾不振、腸胃不適有很好的緩解改善效果。

1 豬肚洗淨，放入壓力鍋中，加入白酒，大火煮 10 分鐘至豬肚熟透。

2 煮好的豬肚撈出過涼水再次沖洗，切成小拇指寬、5 公分長的條備用。

★ 主食材 ★

豬肚	1/2 只
酸菜	400 克

★ 配料 ★

生薑	5 克
大蒜	3 瓣
香蔥	2 根
乾辣椒	3 根
泡椒	10 克
白酒	1 湯匙
白胡椒粉	1/2 茶匙
鹽	少許
油	適量

3 生薑、大蒜去皮洗淨，分別切薑絲、蒜片；香蔥洗淨切蔥粒。

4 乾辣椒、泡椒切碎段；酸菜洗淨，切細絲備用。

5 炒鍋內倒入適量油，燒至七成熱，放入薑絲、蒜片、乾辣椒爆香。

6 再放入酸菜絲、泡椒碎，大火快炒片刻，接著倒入開水煮滾。

7 再放入豬肚絲攪拌均勻，繼續煮 5 分鐘。

8 最後放入少許鹽、白胡椒粉調味，撒入香蔥粒即可。

COOKING TIP

豬肚不易洗淨，在清洗時要將其翻面，並用太白粉兩面反覆搓洗，再用白醋清洗，就能很好地去除油脂，最後再用清水沖洗乾淨即可。

豬血湯

（烹飪時間）25 分鐘　　（難易程度）簡單

特色 常吃豬血不僅補血美容，更有解毒清腸的功效，而且味道口感都很好，一吃就再也停不下來了。

1 豬血輕輕沖洗乾淨，切成大小適中的長條塊。

2 薑片、大蒜去皮洗淨，切成薑末、蒜末。

3 香蔥剪去根鬚，沖洗乾淨，切成 4 公分的長段。

4 取一炒鍋，燒熱後放油，待油燒至六成熱，放入薑末、蒜末煸炒出香味。

5 煸出香味後，向鍋內加入適量清水，開大火煮滾。

★ 主食材 ★

豬血　　　300 克

★ 配料 ★

薑片	5 克
大蒜	2 瓣
香蔥	3 根
醬油	2 茶匙
鹽	適量
味精	1/2 茶匙
油	適量

6 水滾後放入豬血，大火再次煮滾。

7 煮滾後倒入醬油，攪拌至湯色均勻，再放入香蔥段。

8 最後加鹽、味精調味後即可。

COOKING TIP 可以根據個人口味調整豬血烹煮時間，喜歡吃嫩一點的，再次煮滾後就可以了；喜歡口感老一點的，煮滾後再煮兩、三分鐘即可，不宜煮得太久。

生菜牛丸湯

嚼勁十足的牛丸搭配鮮嫩的生菜，只需放少許香蔥提味，端起碗的那一刻超級期待，一入口果然令人直呼好滿足。

烹飪時間 25 分鐘　難易程度 簡單

COOKING TIP 牛肉丸直接在超市或熟食店買現成的即可,如果有好手藝,自己在家做更好。

★ 主食材 ★

牛肉丸	400 克
生菜	1 棵

★ 配料 ★

薑	5 克
大蒜	2 瓣
香蔥	2 根
蠔油	2 茶匙
鹽	2 茶匙
油	少許

1 牛肉丸過水洗淨,瀝去多餘水分備用。

2 薑、大蒜去皮洗淨,切薑末、蒜末備用。

3 香蔥洗淨,切蔥粒;生菜洗淨備用。

4 炒鍋內倒入適量油,燒至七成熱,爆香薑末、蒜末。

5 再倒入適量清水,大火燒至煮滾。

6 接著放入洗淨的牛肉丸,繼續大火煮至全部浮起。

營養提示

牛肉提供高品質的蛋白質,其胺基酸組成比豬肉更接近人體需要。牛肉的脂肪含量很低,卻是亞油酸的良好來源,同時富含肌氨酸、丙氨酸等,能夠供給肌肉所需的能量,促進肌肉生長,增強力量,是健身人士的極佳選擇。

7 再放入生菜葉,煮約 1 分鐘。

8 最後加入蠔油、鹽調味,撒入香蔥粒即可。

冬瓜羊肉湯

 烹飪時間 **20 分鐘**　 難易程度 **中等**

羊肉性情溫厚，冬瓜個性清冷，配在一起簡直就是天造地設。冬瓜和羊肉互補的性格，讓這道湯舒心、暖胃又適口。

羊腿肉可以用吃火鍋的羊肉片替代,羊肉片要選瘦的,太肥的羊肉腥羶味重,且湯會非常油膩。如果選擇自己買肉自己切,要注意盡量切得薄一切,冷凍到硬比較好切。

★ 主食材 ★

| 羊肉片 | 100 克 |
| 冬瓜 | 200 克 |

★ 配料 ★

枸杞子	10 克
蔥	3 克
薑	3 克
香菜	1 株
料理米酒	1 茶匙
鹽	適量
油	適量
白胡椒粉	1 茶匙
香油	少許

營養提示

羊肉性熱,屬於滋補食物,常吃容易上火。而冬瓜味甘性涼,加上膳食纖維含量高,能促進腸道蠕動,非常適合與羊肉一同食用。

1 大蔥斜切細絲,薑去皮切細絲。

2 香菜挑去老葉、剪去根,洗淨後切末。

3 冬瓜削去皮,去掉瓤,洗淨後切片。

4 炒鍋中加入少許油,開中火,放入冬瓜片翻炒 30 秒後關火。再將冬瓜倒入湯鍋中,加入足量水。

5 放入蔥絲、薑絲、枸杞子,大火煮滾。加枸杞子不僅是為了好看,更有滋補明目的功效。

6 羊肉片和料理米酒一起下鍋,用筷子攪散。

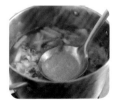

7 羊肉片變色後撇去浮沫,關火。

8 加入適量鹽,加香油、香菜末、胡椒粉,攪拌均勻即可。

櫛瓜海鮮湯

烹飪
時間 30 分鐘　　難易
程度 簡單

使用蛤蜊、大蝦，再放入櫛瓜，鮮香的味道
夾雜著綠色蔬菜的清甜，不只滿足味蕾，也
滿足了視覺。

蛤蜊要提前放入淡鹽水浸泡,使其吐盡泥沙;煮至開殼後的蛤蜊,也可以過涼水沖洗,去除殘留的泥沙,這樣煮出來的湯口感更佳。

★ 主食材 ★

蛤蜊	350 克
大蝦	3 隻
櫛瓜	1 個

★ 配料 ★

薑	5 克
香蔥	2 根
香油	1 茶匙
鹽	2 茶匙
油	少許

1 蛤蜊洗淨,放入開水鍋中汆燙至全部開殼後撈出備用。

2 大蝦洗淨,背部開刀,挑去蝦線備用。

3 櫛瓜去皮洗淨,對半切開後切薄片備用。

4 薑去皮洗淨,切薑絲;香蔥洗淨,切蔥粒。

5 炒鍋內倒入少許油,放入薑絲爆至出香。

6 再放入切好的櫛瓜片,中大火炒至櫛瓜微微變軟。

營養提示

櫛瓜富含水分,有潤澤肌膚的作用;櫛瓜還能調節人體代謝,具有減肥、抗癌防癌的功效;櫛瓜中含有一種干擾素的誘生劑,可刺激機體產生干擾素,提高免疫力,發揮抗病毒和腫瘤的作用。

7 再倒入適量清水燒開,再放入蛤蜊和大蝦,煮至大蝦變色。

8 最後加入香油、鹽調味,撒入香蔥粒即可。

蘿蔔干貝湯

 烹飪時間 30 分鐘　 難易程度 簡單

想要快速熬好一鍋湯，絕對不能錯過干貝、蘿蔔，而且長期食用干貝還可以降血壓、降膽固醇，這個湯既美味又營養，趕快學起來吧！

蘿蔔不要煮得太過軟爛，看見蘿蔔全部變成透明時即表示已經熟透，此時就不宜再煮了。

★ 主食材 ★

| 白蘿蔔 | 350 克 |
| 干貝 | 80 克 |

★ 配料 ★

香蔥	2 根
香菜	2 根
雞粉	1/2 茶匙
鹽	2 茶匙
油	少許

1 干貝提前用清水浸泡 1 小時左右，再洗淨。

2 白蘿蔔用刮刀刮去表皮，清洗乾淨，再切成粗條。

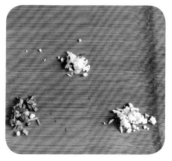

3 香蔥切去根鬚再洗淨，把蔥白、蔥綠分別切粒；香菜切掉根鬚部分，洗淨，切香菜碎。

4 取一炒鍋，鍋中倒入少許油燒熱，放入蔥白煸香，再放入蘿蔔條煸炒 2 分鐘。

營養提示

干貝富含蛋白質、碳水化合物、鈣、鐵等多種營養成分，味道極鮮。長期食用有助於降血壓、降膽固醇、補益健身。

5 接著倒入適量開水，大火再次煮滾後放入乾貝，繼續煮，直至白蘿蔔熟透。

6 最後加入雞粉、鹽調味，依個人口味撒入蔥綠、香菜碎即可關火。

蘿蔔蝦皮湯

烹飪時間 20 分鐘　難易程度 簡單

對於這蘿蔔蝦皮湯，不但做法簡單，新手也能快速上手，加上蝦皮味道鮮美，又能補鈣，特別適合老人和小孩食用。

COOKING TIP
白蘿蔔絲切好後可放入開水中稍微汆燙，再撈出瀝乾後進行翻炒，可去掉蘿蔔的辛辣味。

★ 主食材 ★

白蘿蔔	1/2 根
蝦皮	30 克

★ 配料 ★

薑	5 克
香蔥	2 根
蠔油	2 茶匙
鹽	2 茶匙
油	少許

1 白蘿蔔去皮洗淨，先切薄片，再切細絲備用，也可以直接用刨絲器刨成細絲。

2 蝦皮過水；薑去皮洗淨，切成薑末；香蔥去除根鬚後洗淨，切成蔥粒。

3 取一炒鍋，鍋內倒入適量油，燒至七成熱，放入薑末爆香。

4 放入切好的蘿蔔絲，中火翻炒2分鐘。

5 接著加入適量清水，開大火煮滾。

6 水滾後，放入洗淨的蝦皮，攪拌均勻後繼續煮約1分鐘。

營養提示

蝦皮中含有豐富的鈣質，有鈣庫之稱，是缺鈣者補鈣的極佳途徑。蝦皮中還富含鎂元素，鎂對心臟活動具有調節作用，能很好地保護心血管系統，減少血液中的膽固醇含量，對預防動脈硬化、高血壓及心肌梗塞有一定的食療作用。

7 再加入蠔油、鹽調味，並且攪拌均勻。

8 最後，依個人口味撒入切好的香蔥粒即可關火。

絲瓜花蛤湯

 烹飪時間 20 分鐘　 難易程度 簡單

這道絲瓜花蛤湯，湯清料鮮，絲瓜軟綿鮮甜，花蛤鮮嫩彈牙，不僅好吃，而且營養，最重要的是熱量很低，很適合愛美怕胖的女孩子。

★ 主食材 ★

絲瓜	1根
蛤蜊	350克

★ 配料 ★

生薑	5克
香蔥	2根
蠔油	2茶匙
鹽	2茶匙
油	少許

1 絲瓜刮去表皮，切去頭尾，再切滾刀塊。

2 蛤蜊在清水中泡半天，期間換兩次水，可使其吐盡泥沙，再撈出洗淨，放入滾水鍋中汆燙至開殼後撈出備用。

3 生薑去皮洗淨，切薑末；香蔥切去根鬚後洗淨，切蔥粒。

4 取一炒鍋，鍋內倒入少許油，燒至七成熱，將薑末炒香。

5 接著放入切好的絲瓜，大火快速翻炒1分鐘。

6 再倒入適量清水，大火煮滾後放入汆燙過的蛤蜊。

營養提示

花蛤肉味鮮美、營養豐富，蛋白質含量高，胺基酸的種類組成及配比合理；脂肪含量低，不飽和脂肪酸較高，易被人體消化吸收，還有多種維生素及鈣、鎂、鐵、鋅等礦物質，具有滋陰利水、化痰、軟堅、開胃、解酒等功效。

7 再加入蠔油、鹽調味，並攪拌均勻。

8 最後在出鍋前，撒入切好的香蔥粒即可。

蛤蜊冬瓜湯

烹飪時間 **25 分鐘** 難易程度 **簡單**

蛤蜊肉有彈性，鮮中帶嫩；冬瓜水嫩有營養，鮮美水潤。喝上一碗蛤蜊冬瓜湯，不僅去火利尿，還能排毒消水腫，這樣營養又美味的湯當然不能錯過。

蛤蜊一定要早早放入清水中讓其吐盡泥沙;清洗時可以用小刷子刷洗外殼,更易洗淨。

主食材

蛤蜊	200 克
冬瓜	300 克

★ 配料 ★

薑	5 克
香蔥	10 克
料理米酒	1 茶匙
鹽	2 茶匙
油	少許

1 蛤蜊買回來後放入清水中半天,讓它吐沙,期間可以換一兩次水,再撈出洗淨表面,浸泡時間不宜過長,否則蛤蜊會死。

2 冬瓜洗淨後,用刀切去硬皮,挖去瓜瓤後清洗乾淨,切厚約 5 公釐的片。

3 薑去皮洗淨切細絲;香蔥洗淨,切蔥粒備用。

4 取一炒鍋,鍋中倒入少許油燒至五成熱,放入薑絲、香蔥粒煸炒出香味。

5 再加入適量清水,開大火煮滾。

6 水滾後放入切好的冬瓜片,大火繼續煮 5 分鐘。

營養提示

蛤蜊的營養價值很高,富含蛋白質、維生素 A、碘、鈣、磷等營養元素,具有滋陰潤燥、利尿消腫、軟堅散結的作用。蛤蜊裡的牛磺酸,可以幫助膽汁合成,有助於膽固醇代謝;蛤蜊中脂肪含量很低,是減肥人士的理想食材。

7 再放入蛤蜊,煮至蛤蜊開口,再關火。

8 最後加入少許料理米酒、鹽調味即可出鍋。

蝦皮冬瓜湯

 烹飪時間 15 分鐘　 難易程度 簡單

鹹鮮的蝦皮，軟爛的冬瓜，點綴著蔥花，還有香油的味道，你絕對想不到這樣的美味，居然只要15分鐘就能完成。

★ 主食材 ★

| 冬瓜 | 200 克 |
| 蝦皮 | 20 克 |

★ 配料 ★

香蔥	10 克
薑	3 克
雞粉	3 克
香油	2 克
植物油	3 克
鹽	適量

1 冬瓜洗淨，刮去瓜皮，挖掉瓜瓤後，切約 3 公釐厚的片。

2 蝦皮用水沖洗一下，再瀝乾水分備用。

3 蔥和薑沖洗乾淨，蔥切碎，薑去皮切絲。

4 取一個炒鍋，鍋燒熱後加入植物油，待油溫七成熱時放入薑絲，翻炒幾下後。

5 待薑絲炒香後，放入蝦皮，將蝦皮炒至金黃色。

6 再放入冬瓜片，翻炒幾下後加入適量清水，加蓋大火熬煮。

營養提示

冬瓜富含維生素 C，且鉀鹽含量高，鈉鹽含量較低，可達到消腫而不傷正氣的作用；冬瓜中所含的丙醇二酸，能有效地抑制糖類轉化為脂肪，加上冬瓜本身不含脂肪，熱量不高，是很好的減肥食品，有助於體形健美；冬瓜性寒味甘，清熱生津，消暑除煩，在夏日食用尤為適宜。

7 待冬瓜軟爛後關火，放入雞粉、香油和鹽調味。

8 出鍋前，撒入少許香蔥碎即可。

油條絲瓜湯

 烹飪時間 **15 分鐘**　難易程度 **簡單**

特色 這是一道讓人吃飽喝足、心滿意足的湯品。不小心多買的油條，放至隔天有點發硬，那就用來煲湯，隨便搭配一點蔬菜就可以為你的一天充滿電！

★ 主食材 ★		★ 配料 ★	
油條	1 根	植物油	3 克
絲瓜	2 根	雞粉	1 克
		鹽	適量

COOKING TIP

油條本來就是熟的，而且長時間浸泡容易碎，所以要最後放，以免煮太久影響口感。

1 將絲瓜洗淨後去皮，再次沖洗後切成滾刀塊。

2 用手把油條撕成段，放在一旁備用。

3 取一個炒鍋，把鍋燒熱，再倒入少許植物油，燒至七成熱。

4 把絲瓜放入鍋中，不斷翻炒約 1 分鐘至斷生。

5 向鍋中加入適量水，開大火煮滾，直到絲瓜軟爛。

6 轉小火，把油條放入鍋內，再放入雞粉和鹽調味即可關火。

紫菜蛋花湯

烹飪時間 10 分鐘　難易程度 中等

特色 紫菜裡面含有豐富的碘，能預防貧血，促進骨骼和牙齒的生長，這麼健康營養又簡單的湯當然要學起來。

★ 主食材 ★		香蔥	10 克
乾紫菜	15 克	鹽	1/2 茶匙
		雞粉	2 克
★ 配料 ★		香油	少許
雞蛋	1 顆		

COOKING TIP

這道湯還可以放入一些蝦皮增香提味。

營養提示

紫菜營養豐富，含碘量很高，可用於治療因缺碘引起的甲狀腺腫大，紫菜還富含膽鹼和鈣、鐵等礦物質，能增強記憶，治療婦幼貧血，促進骨骼、牙齒的生長，可說是老少咸宜。

1 雞蛋在碗中打散備用，香蔥切掉根鬚後洗淨並切粒。

2 鍋中加入清水煮滾，將紫菜掰開，放入鍋中，紫菜會迅速變軟漲發。

3 用裝著蛋液的碗在湯鍋上方，一邊畫圈一邊緩緩淋下蛋液，再關火。

4 最後加入鹽、雞粉，淋上少許香油，依個人口味撒入香蔥粒即可。

白菜三絲豆腐湯

這是一道食材極為豐富的湯品，白菜、香菇、胡蘿蔔、豆腐，都是隨手可得的食材，簡單美味又營養，快來一起試試吧！

 烹飪時間 25 分鐘　難易程度 簡單

COOKING TIP

清洗香菇前，可提前將香菇放入淡鹽水中浸泡片刻，再用清水洗淨，就能達到很好的殺菌效果。

★ 主食材 ★

娃娃菜	1 棵
鮮香菇	3 朵
胡蘿蔔	1/2 根
豆腐	350 克

★ 配料 ★

生薑	5 克
大蒜	2 瓣
香蔥	2 根
白胡椒粉	1/2 茶匙
雞粉	1/2 茶匙
鹽	1 茶匙
油	適量

1 將娃娃菜沖洗乾淨，再對半切開，再切細絲。

2 鮮香菇洗淨，切成細絲；胡蘿蔔去皮洗淨，切成絲。

3 豆腐在流水下沖洗乾淨，再切成約 3 公分的長條。

4 生薑、大蒜去皮洗淨，切薑末、蒜末；香蔥去根洗淨，切蔥粒。

5 取一炒鍋，鍋內倒入適量油，燒至七成熱，爆香薑末、蒜末。

6 接著放入切好的白菜絲、香菇絲、胡蘿蔔絲，快速翻炒幾下。

營養提示

豆腐營養豐富，有助降低膽固醇，減少心腦血管疾病的發生，還能防治骨質疏鬆症。

7 再倒入適量清水，開大火，煮滾後放入豆腐條，大火繼續煮 5 分鐘。

8 最後加入白胡椒粉、雞粉、鹽調味，依個人口味撒入香蔥粒即可。

冬菇湯

烹飪時間 20 分鐘　難易程度 簡單

長在大山裡的冬菇歷經一到三年才長成，經過乾制，裡面的酵素產生化學反應才有了冬菇特殊的香氣。煲一碗冬菇湯，口感爽滑，味道清香，一試難忘。

★ 主食材 ★

乾冬菇　　　　8 朵

★ 配料 ★

薑　　　　　　3 克
植物油　　　　3 克
鹽　　　　　　適量

營養提示

冬菇含有豐富的蛋白質和多種人體必需的微量元素，美味可口，香氣橫溢，烹、煮、炸、炒皆宜，葷素佐配均能成為佳餚，冬菇還是防治感冒、降低膽固醇、防治肝硬化和具有抗癌作用的保健食材。

1 將乾冬菇去蒂，用冷水洗淨泥沙，提前一夜泡發。

2 冬菇泡發後撈出，瀝乾水分後切成長條。

3 薑洗淨後刮去老皮，再次沖洗後切成薑絲。

4 取一個炒鍋燒熱，倒入植物油，待油溫七成熱時，放入薑絲，翻炒幾下。

5 再把切好的冬菇絲放入鍋中，煸炒均勻。

6 向鍋內倒入適量水，開大火滾煮 10 分鐘後關火，加鹽調味即可。

香菇山藥湯

烹飪時間 **20 分鐘**　難易程度 **簡單**

黑黑軟軟的香菇和白白脆脆的山藥一搭配，迸出絕佳的好滋味。這道味道清淡的快手湯，可是會讓人一碗接一碗不想停下來。

COOKING TIP

山藥切片後要放入清水中浸泡備用，以防止氧化變黑；煮山藥的時間可根據個人喜好進行調整，喜歡軟的煮久一點，喜歡脆的就縮短時間。

★ 主食材 ★

鮮香菇	10 朵
山藥	350 克

★ 配料 ★

香蔥	3 根
香菜	10 克
鹽	1 茶匙
油	少許

1 鮮香菇仔細清洗乾淨，對切兩半備用。

2 山藥去皮洗淨，切成厚約 5 公釐的菱形薄片。

3 香蔥洗淨，蔥白、蔥綠分別切粒狀；香菜洗淨，切碎段。

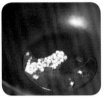

4 炒鍋內倒入少許油，燒至七成熱，放入蔥白爆香。

5 接著往鍋內倒入適量清水，大火煮滾。

6 再放入切好的山藥，繼續用大火煮至山藥七成熟。

營養提示

香菇具有高蛋白、低脂肪、多糖、多種胺基酸和多種維生素的營養特點，多吃香菇可以提高人體免疫功能、延緩衰老、防癌抗癌、降血壓、降膽固醇。

7 再放入切好的香菇，攪拌均勻後繼續煮三、四分鐘。

8 最後加入鹽調味，出鍋前撒入香菜碎段和蔥綠即可。

鴨血湯

 烹飪時間 30 分鐘　難易程度 簡單

特色 乳白香濃的老鴨湯頭，嫩滑爽口的鴨血，爽脆可口的鴨腸，飽滿綿密鴨肝，搭配酸辣爽口的酸豆角，以及極富口感的榨菜，那滋味令人大呼過癮。

★ 主食材 ★

鴨血	60 克
鴨腸	10 克
鴨胗	10 克
鴨肝	10 克

★ 配料 ★

酸豆角	5 克
榨菜	3 克
雞粉	1 克
鹽	適量

沖洗酸豆角和榨菜的原因，一是洗去雜質和異味，以免影響湯的口味；二是沖去部分鹽分，使湯不會太鹹。

1 將鴨血、鴨腸、鴨胗、鴨肝充分洗乾淨，注意洗淨油汙。

2 再按照煮熟的難易程度，切成適合的大小，使煮熟時間大致一致。

3 酸豆角、榨菜在清水中稍微沖洗一下。

4 取一個湯鍋，加入適量清水，把鴨血等料放入清水中，開大火煮滾，並撇去少許浮沫。

5 水滾後繼續用大火滾煮 10 分鐘，再轉小火，加入酸豆角和榨菜，用湯勺輕推幾下。

6 再放入雞粉，並依湯的鹹淡程度酌量放鹽，關火即可。

第 六 章

下飯湯菜

清燉鱈魚

烹飪時間 20 分鐘　難易程度 簡單

清燉這種簡單的烹飪方式，能突顯鱈魚的鮮美，而且鱈魚對心腦血管有很好的保護作用，快來一起做做看吧！

148

鱈魚的腥味比一般魚重，在烹煮前可以加白胡椒粉、鮮檸檬汁醃 10 分鐘，再過水清洗一下，就能達到很好的去腥效果。

★ 主食材 ★

| 鱈魚 | 1 條 |

★ 配料 ★

薑	10 克
蒜	2 瓣
香蔥	2 根
花椒	5 克
乾辣椒	5 根
料理米酒	1 湯匙
淡醬油	2 茶匙
白醋	1 湯匙
鹽	1/2 茶匙
油	少許

1 鱈魚自然解凍後清洗乾淨，並切成約 3 公分的段。

2 薑去皮洗淨並切成絲，蒜剝皮後洗淨切成粒。

3 香蔥切去根鬚後洗淨，切 5 公分長段；乾辣椒洗淨，切 1 公分的段；花椒沖洗後備用。

4 取一炒鍋，鍋內倒入少許油，燒至七成熱，放入鱈魚段小火慢煎至兩面金黃後盛出。

5 再向鍋內倒少許油，燒至五成熱，放入薑絲、蒜粒、乾辣椒段、花椒煸至出香味。

6 放入煎好的鱈魚段，並倒入適量開水，大火煮滾後轉小火燉煮 10 分鐘。

營養提示

鱈魚含豐富的蛋白質、維生素 A、維生素 D、鈣、鎂、硒等營養元素，其中鎂元素對心腦血管系統有很好的保護作用，有利於預防高血壓、心肌梗塞等心血管疾病。

7 10 分鐘後加入料理米酒、淡醬油、白醋、鹽調味，小火再煮 3 分鐘。

8 最後放入切好的蔥段攪拌均勻，關火即可。

冬瓜肉丸湯

冬瓜性寒，能清熱降燥，搭配口感厚實的肉丸，不分四季都能喝上一碗，為身體注入滿滿的活力。

 烹飪時間 20 分鐘　 難易程度 中等

★ 主食材 ★

冬瓜	250 克
豬肉末	150 克

★ 配料 ★

高湯	600 毫升
淡醬油	1/2 茶匙
料理米酒	1 茶匙
太白粉	1 茶匙
雞蛋清	適量
白胡椒粉	少許
蔥末、薑末	各適量
香菜碎	適量
香油、鹽	各少許
雞粉	少許

營養提示

冬瓜含維生素 C 較
多，高血壓、腎臟
病、浮腫病等患者食
用，可達到消腫而
不傷正氣的作用；
而且冬瓜本身不含
脂肪，熱量不高，
是減肥人士的極佳
選擇，有助於體形
健美。

1 把剁好的豬肉末放進小碗裡，
加淡醬油、薑末、鹽、料理米
酒、太白粉、蛋清朝同一個方
向攪打均勻。

2 冬瓜洗淨去皮，切成 3 公釐厚
的小薄片備用。

3 鍋內加高湯（沒有高湯，用清
水也可），大火煮滾後，放入
切好的冬瓜片煮滾。

4 冬瓜煮滾後，轉小火，用湯匙
將調好的豬肉餡舀起或用手搓
成丸子逐個下鍋。

5 待所有的丸子下鍋定型後，改
大火煮滾 2 分鐘，用湯勺撈去
湯表面浮沫，關火。

6 湯中加鹽、雞粉和白胡椒粉，
攪拌均勻後淋上少許香油，依
個人口味撒上蔥末、香菜末即
可。

蘑菇肉片湯

（烹飪時間）20 分鐘　（難易程度）簡單

小小的蘑菇不僅鮮美，更是補硒佳品，具有很好的抗病毒作用，搭配豬里脊，兩者的鮮味混搭，使這道湯的口感和營養都達到了極致。

COOKING TIP

蘑菇個頭小小不易洗淨，
可先用淡鹽水浸泡，並在
流水下反覆沖洗。

★ 主食材 ★

蘑菇	200 克
豬里脊	300 克

★ 配料 ★

薑	5 克
蒜	2 瓣
香蔥	2 根
紅辣椒	2 根
雞蛋清	1/2 個
太白粉	2 茶匙
料理米酒	1 茶匙
蠔油	1 湯匙
鹽	2 茶匙
油	適量

營養提示

蘑菇營養豐富，富
含 18 種氨基酸，
更含有多醣體，能
抗氧化，提升人體
免疫功能。加上熱
量少，容易有飽足
感，是幫助減重的
優良食物。

1 蘑菇提前用淡鹽水
浸泡半小時，洗淨
後切薄片。

2 豬里脊洗淨後切薄
片，加雞蛋清、太
白粉、料理米酒、
少許鹽拌勻醃製。

3 薑、蒜去皮洗淨，
切碎末；香蔥去根
鬚洗淨，切 1 公分
長段。

4 紅辣椒對半切，去
蒂去籽，洗淨後斜
切小碎段備用。

5 炒鍋內倒入適量
油，燒至七成熱，
加入薑末、蒜末、
紅椒碎段爆出香
味。

6 倒入適量清水大火
煮滾，再放入醃好
的肉片，並用筷子
撥散。

7 待再次煮滾後放入
切好的蘑菇片，大
火煮 3 分鐘。

8 最後加入蠔油、鹽
調味，撒上香蔥段
即可關火。

豬肉酸菜燉粉條

酸菜不僅好吃，更富含胺基酸、有機酸、膳食纖維等營養，是一種天然的健康食品，加上豬肉和粉條，堪稱絕配，快來一起大口吃！

烹飪時間 30 分鐘　難易程度 中等

東北拉皮很容易糊掉，所以泡的時候不宜用太熱的水，時間也不宜過長；泡軟後為了防止黏在一塊，要用冷水沖洗並用手抓開。

★ 主食材 ★

豬五花肉	200 克
酸菜	150 克
東北拉皮	75 克

★ 配料 ★

蒜末	5 克
薑末	5 克
蔥花	3 克
陳年醬油	1 茶匙
料理米酒	1 茶匙
鹽	適量
油	適量

1 東北拉皮用熱水浸泡8分鐘，泡軟後冷水沖洗，並用水撕開，以防黏在一起。

2 酸菜在清水中沖洗一遍，切細絲備用。

3 豬五花肉洗淨，切邊長2公分的方塊。

4 將切好的五花肉放在小碗裡，加陳年醬油、料理米酒醃制片刻。

5 取一炒鍋，鍋內倒油，待油溫燒至五成熱，加蒜末、薑末爆香，放入五花肉煸炒。

6 加酸菜絲入鍋中，同五花肉一塊翻炒至酸菜香味溢出，倒入適量清水，大火燉煮至肉熟爛。

營養提示

酸菜屬於蔬菜發酵製品，富有爽脆口感，加上味道鹹酸，能促進食慾。與豬五花肉一同食用，還能幫助解膩，幫助消化。

7 湯煮滾後放入泡好的拉皮入鍋中，再次燉至煮滾。

8 最後，加適量鹽調味，撒上蔥花即可。

燉大鍋菜

烹飪時間 35 分鐘　　難易程度 中等

冬天一家人圍坐在大桌前，煮一鍋融合了十
幾種材料的大鍋菜，不僅料多味美，也補充
了我們身體所需的所有營養。

買排骨時可以請小販幫忙剁成適當的長段，回家洗淨就好，省時又省力；洗淨的排骨要先冷水入鍋汆燙，沖去浮沫後再放入壓力鍋內燉煮。

★ 主食材 ★

排骨	300 克
冬瓜	200 克
鮮香菇	5 朵
粉條	100 克

★ 配料 ★

薑絲	5 克
蒜片	5 克
蔥花	5 克
料理米酒	1 湯匙
淡醬油	1/2 湯匙
花椒	1 小把
桂皮	1 個
八角	2 個
雞粉	1/2 茶匙
鹽	1 茶匙
油	適量

 養提示

這道燉大鍋菜，食材豐富多樣，冬瓜營養價值更是豐富，不含脂肪，含鈉量和熱量都很低，有助於利濕去水，消除水腫。

1 排骨洗淨，放入壓力鍋中，加入清水，放入花椒、桂皮、八角，倒入料理米酒，烹煮 20 分鐘。

2 期間將冬瓜切掉老皮，挖去瓜瓤，洗淨後切小塊；鮮香菇洗淨，十字刀切四份備用。

3 取一炒鍋，鍋內倒入適量油，燒至七成熱，放入薑絲、蒜片爆至出香味。

4 放入冬瓜塊翻炒均勻，接著放入燉煮好的排骨段，翻炒均均，並倒入排骨湯。

5 煮滾後放入切好的香菇塊和粉條，中大火煮至粉條熟透。

6 最後加入雞粉、鹽、淡醬油，攪拌均勻調味，出鍋前撒入蔥花即可。

東北亂燉

🔥 烹飪時間 | 60 分鐘　　🍳 難易程度 | 簡單

東北亂燉融合著十幾種食材的營養美味，在冬天溫暖著所有人的身心，寒冬臘月來上一碗，再過癮不過了。

裡面的蔬菜可根據個人喜好添加，比如茄子、番茄等，只要你喜歡就行；排骨要買剁好段的，回家煮既省時又省力。

★ 主食材 ★

排骨	350 克
馬鈴薯	2 個
四季豆	150 克
玉米	1 根

★ 配料 ★

薑絲	5 克
蒜片	5 克
蔥花	5 克
豆瓣醬	1 湯匙
八角	3 顆
花椒	5 克
鹽	適量
油	適量

營養提示

四季豆性甘，含有可溶性膳食纖維，可降低膽固醇，同時還含有微量的鉀、鎂等礦物質，有益於心臟，並可強壯骨骼。

1 排骨洗淨，冷水下鍋，開大火煮滾，期間不斷撇去浮沫，直到不再產生，然後撈出備用。

2 馬鈴薯去皮洗淨，切滾刀塊；玉米洗淨，切 2 公分左右的段；四季豆擇去老筋，切成 4 公分長的段。

3 炒鍋內倒入適量油，燒至七成熱，爆香薑絲、蒜片、八角、花椒；並放入豆瓣醬炒出紅油。

4 然後放入排骨、馬鈴薯翻炒均勻；接著倒入淹過食材 2 公分高的清水，大火煮滾後轉小火煮半小時。

5 半小時後放入玉米和四季豆，攪拌均勻後繼續煮約 20 分鐘。

6 最後根據個人口味加入適量鹽調味；撒入蔥花即可。

五花肉燉凍豆腐

凍豆腐雖然經過冷凍，但仍保有營養價值，同時有了更多的氣孔來吸收湯汁，肉味和豆香融為一體，叫人欲罷不能，快為自己和家人燉上一鍋吧。

烹飪時間 40 分鐘　難易程度 簡單

凍豆腐解凍後擠去多餘水分，能夠讓其在燉煮過程中吸收更多的湯汁，口感更佳；但是擠水的時候一定要小心，不要將凍豆腐弄碎。

★ 主食材 ★

| 豬五花肉 | 300 克 |
| 凍豆腐 | 150 克 |

★ 配料 ★

薑	5 克
蒜	2 瓣
香蔥	2 根
料理米酒	2 茶匙
淡醬油	1 湯匙
蠔油	1 湯匙
雞粉	1 茶匙
鹽	適量
油	適量

1 豬五花肉洗淨，切小塊；凍豆腐解凍，稍微擠去多餘水分，切小塊備用。

2 切好的五花肉放在小碗裡，加料理米酒、淡醬油抓勻，並醃 20 分鐘。

3 薑、蒜去皮洗淨，切薑末、蒜末；香蔥去根鬚，洗淨，切蔥粒備用。

4 炒鍋燒熱，倒入少許油燒至五成熱，放入切好的五花肉，小火煸炒至五花肉出油，表面金黃。

5 將五花肉推至一邊，放入薑末、蒜末煸至出香；然後同五花肉一起翻炒均勻。

6 加蠔油入鍋中翻炒均勻，並倒入適量水，開大火煮滾。

營養提示

豬肉含有豐富的優質蛋白質和必需脂肪酸，並提供血紅素鐵（有機鐵）和促進鐵吸收的半胱氨酸，能改善缺鐵性貧血。

7 煮滾後加凍豆腐，大火再次煮滾後，轉中火燉煮 10 分鐘。

8 最後加鹽、雞粉調味，撒上香蔥粒即可。

咖哩燉牛肉

<table>
<tr><td>烹飪
時間</td><td>100 分鐘</td><td>難易
程度</td><td>簡單</td></tr>
</table>

咖哩是融合幾十種材料在內的調味料，可以促進唾液和胃液的分泌，增加胃腸蠕動，促進血液循環，來上一口，保準你食慾自然大開。

咖哩的用量可根據個人喜好酌情增減。另外，咖喱會越煮越稠，要注意攪動、控制火候，謹防粘鍋。

★ 主食材 ★

牛腱	500 克
咖哩	80 克
馬鈴薯	1 顆
胡蘿蔔	1 根

★ 配料 ★

洋蔥	1/2 顆
蒜	5 瓣
鹽	1/3 茶匙
油	適量

1 牛腱洗淨，切 2 公分的方塊，在水中泡 20 分鐘後撈出，冷水下鍋煮滾，燙去血水。

2 將馬鈴薯、胡蘿蔔洗淨，然後去皮，再次洗淨後，切與牛腩同等大小的方塊。

3 洋蔥洗淨切小塊；蒜去皮洗淨，切蒜粒。

4 炒鍋中倒入適量油，燒至七成熟，放入蒜粒、洋蔥塊，炒至出香味。

5 放入汆燙後的牛腱塊，和蒜粒、洋蔥一起翻炒均勻。

6 再加入足量清水入鍋中，放入咖哩塊，大火煮滾後，轉小火燜煮 1 小時。

營養提示

牛肉含有豐富的蛋白質和胺基酸，能提升人體抗病能力。在寒冷的冬天吃，能暖胃驅寒，加上鐵質含量高，具有預防貧血的效果。

7 1 小時後放入馬鈴薯塊和胡蘿蔔塊，適當攪拌一下，加蓋繼續煮至馬鈴薯、胡蘿蔔熟透。

8 最後根據個人口味加入鹽調味，轉大火收至湯汁濃稠即可。

日式馬鈴薯燉牛肉

寒冬中捧一碗暖暖的牛肉湯，身心都滿足！牛肉含有豐富的蛋白質，中醫認為牛肉有暖胃作用，是寒冬季節的補益佳品，在冬天多喝些牛肉湯是必須的。

烹飪時間 40 分鐘　　難易程度 簡單

日本的馬鈴薯燉肉用的是一種叫味醂的調味料，類似中國的料理米酒，配料中的米酒加紅糖就是為了貼近這種味道。

★ 主食材 ★

肥牛片	200 克
馬鈴薯	2 顆
洋蔥	1 顆
胡蘿蔔	1 根
蒟蒻絲	1 盒

★ 配料 ★

料理米酒	2 湯匙
紅糖	1 茶匙
薑	2 片
淡醬油	2 湯匙
白糖	1 湯匙
鹽	適量
油	1 湯匙

1 肥牛片切成 5 公分左右的片，如果是涮火鍋那種肥牛片則不用處理。肥牛片在熱水裡沖洗到顏色發白，瀝乾備用。

2 蒟蒻絲去掉包裝裡的水，用清水沖洗一遍後加清水浸泡一會兒，再次用清水沖洗乾淨，瀝乾備用。

3 馬鈴薯、胡蘿蔔去皮切滾刀塊，洋蔥切三角形片。這道湯菜需要燉煮，因此蔬菜都不要切得太小。

4 開中火，湯鍋內放油，放薑片和牛肉片，翻炒至牛肉變色微卷後，加米酒和紅糖翻炒均勻。

5 加入蒟蒻絲、馬鈴薯和胡蘿蔔，繼續翻炒一會兒，加入清水淹過食材，轉大火煮滾。

6 大火煮滾後撈去浮沫，盡量將浮沫去除乾淨，再加入白糖。這道菜本身很甜，因此白糖的用量可以根據自己的接受度調整。

營養提示

馬鈴薯含有豐富的維生素、胺基酸、優質澱粉等營養元素，常吃不但可以增強體質、延緩衰老，還能減少負面情緒的產生。

7 蓋上鍋蓋，中小火煮 10 分鐘後加洋蔥、淡醬油，攪拌均勻後繼續煮至胡蘿蔔和馬鈴薯軟爛。

8 開蓋檢查，馬鈴薯和胡蘿蔔軟爛後加鹽即可。上桌前可撒少量香蔥碎裝飾。

香菜羊肉湯

烹飪時間 40 分鐘　難易程度 簡單

溫性的羊肉特別適合在冬天食用，能溫陽散寒，補益氣血，強壯身體，冬天喝上一碗香菜羊肉湯，整個人都會元氣滿滿。

COOKING TIP

羊肉用料理米酒和大蔥醃製，以及在滾水中煮一遍都是為了祛除膻味。

★ 主食材 ★

羊肉	300 克
香菜	35 克

★ 配料 ★

鹽	適量
料理米酒	20 克
大蔥	10 克
白胡椒粉	1/3 茶匙
香蔥	10 克

1 將羊肉洗淨，加適量清水浸泡去血水，避免湯中出現腥味和膻味。

2 香菜洗淨，切段備用；大蔥切片；香蔥切碎。

3 將羊肉切成約 2.5 公分的塊狀，加入蔥片、料理米酒抓勻，醃製 10 分鐘。

4 醃好後，捨棄蔥片，將羊肉挑出備用。

5 鍋中加入適量水煮滾，放入羊肉，煮滾後撈去浮沫。

6 另起一鍋，水煮滾後，放入羊肉，蓋上鍋蓋煮 20 分鐘。

營養提示

羊肉含有豐富的蛋白質，其含量較豬肉牛肉高；羊肉與豬肉和牛肉比，其鈣、鐵、維生素 C 含量更多，羊肉是滋補佳品，尤其適合冬天煲湯喝，它可以溫補脾胃、肝腎等。

7 鍋中放入適量鹽和白胡椒粉調味，關火放入香菜段。

8 攪勻後裝到碗中即可。

羊肉白菜
粉絲煲

冬天最適合用來煲湯的食材非羊肉莫屬，煲出來的湯既溫潤又滋補，加上吸飽湯汁的粉絲，一入口就會豎起大拇指！

烹飪時間 **70 分鐘**　難易程度 **中等**

砂鍋內的羊肉煮滾後，還會出現些許浮沫，記得要撈除乾淨，這樣羊肉煲的口感會更加清爽；另外，在砂煲中加入些許胡蘿蔔，可以更好地吸收掉羊肉的膻味。

★ 主食材 ★

羊肉	500 克
粉絲	100 克
娃娃菜	1 棵

★ 配料 ★

薑	10 克
大蔥	15 克
乾紅辣椒	5 根
料理米酒	2 湯匙
陳年醬油	1/2 湯匙
淡醬油	1 湯匙
香醋	1/2 湯匙
鹽	1 茶匙
油	適量

1 羊肉洗淨，切 2.5 公分的塊狀，在清水中浸泡 20 分鐘，放入滾水中汆燙至變色後撈出，沖去浮沫備用。

2 粉絲提前用溫水泡軟，然後洗淨備用；娃娃菜洗淨，撕小束。

3 薑去皮洗淨，切薑絲；大蔥洗淨，切蔥絲；乾辣椒洗淨，切碎段。

4 炒鍋內倒入適量油，燒至七成熱，放入薑絲、蔥絲、辣椒碎炒出香味。

5 然後放入汆燙過的羊肉，大火快速翻炒 2 分鐘，並加入料理米酒炒勻，接著全部倒入砂鍋中。

6 在砂鍋內加滿清水，加入陳年醬油、淡醬油、香醋，加蓋大火煮滾後轉小火燜煮 30 分鐘。

營養提示

羊肉性溫，可以滋補，適合立秋食用。秋天空氣乾燥，多吃白菜可以清熱利水。不同的季節要吃不同的菜。

7 30 分鐘後，放入泡軟洗淨的粉絲，中大火煮至粉絲熟透。

8 最後放入娃娃菜，攪拌均勻後煮至斷生，並加鹽調味即可。

農家燉土雞

 烹飪時間 **100 分鐘**　難易程度 **中等**

特色　土雞無論肉質或營養都比飼料雞來得好，更富含胺基酸和膠原蛋白，用最傳統的方法燉最傳統的食物，味道當然最正宗。

★ 主食材 ★		八角	3 顆
土雞	半隻	桂皮	1 塊
		料理米酒	2 茶匙
★ 配料 ★		陳年醬油	2 茶匙
生薑	10 克	淡醬油	1 湯匙
大蒜	5 瓣	蠔油	1 湯匙
大蔥	15 克	鹽	1 茶匙
乾辣椒	10 根	油	適量

1 土雞洗淨剁成小塊，在清水中浸泡 30 分鐘撈出，再次洗淨後倒入滾水鍋中汆燙 3 分鐘撈出，沖去浮沫備用。

2 生薑洗淨切片；大蒜剝皮洗淨拍扁；八角、桂皮洗淨備用。

3 大蔥洗淨斜切 3 公分長段；乾辣椒去蒂洗淨，切 1 公分的段。

4 炒鍋內倒入適量油燒至七成熱，加入薑片、蒜瓣、大蔥、八角、桂皮、乾辣椒段煸至出香味。

5 加入汆燙過的雞塊，轉中火翻炒均勻。

6 加入料理米酒、陳年醬油、淡醬油，翻炒至雞塊均勻上色。

7 再倒入適量開水，大火煮滾後轉中小火燜煮 1 小時。

8 最後轉大火收乾湯汁，加蠔油、鹽調味即可。

COOKING TIP　陳年醬油和淡醬油可以用壺底油代替，燒出來同樣鮮香誘人；也可以加入香菇一起烹煮，美味加倍。

香菇燉雞肫

烹飪時間 30 分鐘　　難易程度 簡單

特色　吃雞肫的好處就是消食健胃，澀精止遺，而且雞肫的口感脆脆的，脂肪含量很少，搭配鮮美的香菇，絕對值得一嘗。

★ 主食材 ★		乾辣椒	5 根
雞肫	500 克	料理米酒	2 茶匙
乾香菇	100 克	陳年醬油	1 湯匙
		淡醬油	1 湯匙
★ 配料 ★		雞粉	1/2 茶匙
生薑	5 克	鹽	1 茶匙
香蔥	2 根	油	適量

1 雞肫洗淨切約 3 公釐厚的片；乾香菇提前用溫水浸泡至軟，洗淨切十字刀塊。

2 生薑去皮洗淨切薑絲；香蔥洗淨切蔥粒；乾辣椒洗淨切 1 公分的小段。

3 炒鍋內倒入適量油，燒至七成熱，放入薑絲、乾辣椒段，煸炒出香味。

4 放入雞肫片翻炒幾下，並倒入料理米酒，繼續翻炒 2 分鐘。

5 放入切好的香菇塊炒勻，並加入陳年醬油和淡醬油，炒至上色後倒入淹過食材量的清水。

6 小火燉煮 10 分鐘後加雞粉、鹽調味，並轉大火收汁，關火出鍋撒入蔥花即可。

COOKING TIP

在超市可以買到處理好的雞肫，回家稍加清洗即可；切好的雞肫最好放入滾水鍋中汆燙一下，有助於去除異味。

榛蘑燉鴨肉

 烹飪
時間 120 分鐘    難易
程度 中等

夏末秋初，正是燥熱的時候，此時該來一鍋鮮鴨湯退退火，湯中加入榛蘑，與鴨肉相得益彰，一開鍋就能聞見滿屋的香氣，等不及要喝上一口。

COOKING TIP

汆燙的鴨肉再煸炒一下，將鴨肉中的水分煸乾，可以更好地去掉鴨肉的腥味，將鴨皮中的油脂煸炒出來，減少肥膩感。燉鴨肉時用啤酒代替水能讓肉質更鮮美，不乾不柴。

★ 主食材 ★

| 鴨子 | 半隻 |
| 榛蘑（乾） | 100克 |

★ 配料 ★

薑	10克
蔥	5克
陳年醬油	1茶匙
淡醬油	1湯匙
料理米酒	1湯匙
啤酒	150毫升
花椒粉	1茶匙
白糖	1茶匙
鹽	適量
油	適量

1 榛蘑放入盆中，用溫水泡10分鐘，用手朝同一個方向攪動盆裡的水，洗去榛蘑上的雜質，再換一盆水清洗乾淨。

2 洗淨的榛蘑再用溫水泡半小時以上，撈出榛蘑，泡榛蘑的水留用；蔥切大段，薑切片備用。

3 鴨肉洗淨，切成大塊；取一湯鍋，將鴨肉冷水下鍋，開大火燙出血沫後用溫水洗淨瀝乾。

4 炒鍋中放少許油，開小火，加入汆燙過的鴨子煸炒，直到煸乾鴨肉中的水分，鴨皮出油微焦。

5 轉中火，放入蔥段、薑片炒出香味，倒入料理米酒、陳年醬油、淡醬油、白糖，翻炒到均勻上色。

6 倒入啤酒，加入泡榛蘑的水。不要一次全倒進去，總湯量以淹過鴨肉為宜。蓋鍋蓋大火燒開。

營養提示

榛蘑含有人體必需的多種胺基酸和維生素，經常食用可增強機體免疫力，有健腦益智、益氣補身、延年輕身等作用。

7 水開後轉中火燉40分鐘，直到鴨肉變軟。加入榛蘑，繼續蓋鍋蓋燉煮20分鐘，使榛蘑的香味充分釋出。

8 最後加入花椒粉，加入適量鹽即可。

明蝦蟹煲

烹飪時間 30 分鐘　難易程度 中等

秋蟹肥美鮮嫩，蝦肉柔嫩彈牙，就連最普通
的白菜葉梗都是可以清熱利水的絕佳蔬菜，
有了它們，就等著享受味蕾的多重驚喜吧！

梭子蟹洗淨切塊後，可加少許料理米酒
稍加醃製，可以很好地去除腥味；明蝦
清洗時，要記得開背，並挑去蝦線。

★ 主食材 ★

梭子蟹	2 隻
明蝦	400 克
白菜葉梗	100 克

★ 配料 ★

薑片	少許
薑末	5 克
蒜末	5 克
蔥花	5 克
乾辣椒	5 根
花椒	1/2 湯匙
料理米酒	2 湯匙
鹽	2 茶匙
油	適量

1 將明蝦、梭子蟹仔細洗淨，並將梭子蟹斬小塊，瀝水備用。

2 白菜葉梗洗淨，切長約 2 公分的段；乾辣椒洗淨，切碎段；花椒洗淨。

3 炒鍋內倒入適量油，燒至七成熱，放入薑片和明蝦，翻炒至蝦身變色後，撈出備用。

4 將梭子蟹放入油鍋中，同樣炸至蟹塊變色後，撈出瀝去多餘油分備用。

5 鍋內留適量底油，放入薑末、蒜末、乾辣椒、花椒，爆炒出香味。

6 接著放入切好的白菜葉梗，大火快炒至白菜幫五成熟。

營養提示

這道菜可謂色香味及營養俱全。蝦和蟹低脂低醇，老少皆宜；富含蛋白質和人體所需的多種微量元素，鹹淡適宜、口感獨特，可補腎壯陽、滋陰健胃。

7 放入炸好後的明蝦和蟹塊，繼續翻炒均勻後倒入 200 毫升清水燜煮 3 分鐘。

8 3 分鐘後再加入料理米酒翻炒均勻，加鹽調味，撒入蔥花後，出鍋裝入砂煲中即可。

番茄雞蛋
疙瘩湯

番茄雞蛋疙瘩湯融合了番茄紅素的抗衰老、雞蛋的優質蛋白質，還有麵粉的養心益腎、健脾厚腸，喝起來酸甜爽口，又有飽足感。

 烹飪時間 25 分鐘   難易程度 簡單

COOKING TIP

為了使疙瘩湯的口感更好，要將番茄的皮去掉；將番茄劃十字花刀，放入開水中燙 1 分鐘，即可輕鬆撕去外皮。

★ 主食材 ★

麵粉	100 克
番茄	1 顆
雞蛋	1 顆

★ 配料 ★

大蔥	5 克
香菜	2 根
太白粉水	2 湯匙
淡醬油	1/2 湯匙
白胡椒粉	1/2 茶匙
雞粉	1/2 茶匙
鹽	1 茶匙
油	適量

營養提示

融合了番茄、雞蛋和麵粉的這道湯，營養大增，常吃還可以抗衰老、消食健腦，不僅可以作為湯菜，也可以作為主食。

1 麵粉倒入大碗中，慢慢加入溫水，並用筷子不斷攪拌成疙瘩 備用。

2 番茄去蒂洗淨，切成薄片；雞蛋打散成蛋液備用。

3 大蔥洗淨，切蔥花；香菜洗淨，切香菜碎。

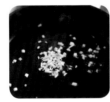

4 炒鍋內倒入適量油，燒至七成熱，放入蔥花爆香後轉小火。

5 放入番茄片，慢慢炒至番茄軟爛，並加淡醬油調味。

6 加入適量清水，待煮滾後倒入疙瘩，攪拌幾下。

7 再倒入太白粉水勾芡；湯汁微微煮滾時倒入蛋液，邊倒邊攪拌，使蛋液形成蛋花。

8 最後加入白胡椒粉、雞粉、鹽調味，依個人口味撒入香菜碎即可。

酸辣湯

在我看來，酸辣湯的食材相當隨意，其精髓在於胡椒粉，它具有溫胃散寒的作用，還可以治療慢性胃病，所以為了自己的身體也要常喝哦！

注意淋蛋液時，湯要一直保持微滾或滾沸，這樣才能做出漂亮的蛋花；此外，太白粉水的用量以湯汁略變得濃厚一些即可，不必做成羹一樣的稠度。

★ 主食材 ★

豬里脊肉	100 克
筍片	50 克
嫩豆腐	50 克
乾木耳	5 克
乾香菇	3 朵
雞蛋	1 顆

★ 配料 ★

香菜	15 克
雞汁	1 湯匙
料理米酒	2 茶匙
醬油	2 湯匙
米醋	3 湯匙
白胡椒粉	1/2 茶匙
太白粉水	適量
香油	少許
鹽	1/2 茶匙
油	2 湯匙

營養提示

胡椒作為酸辣湯裡一味重要的調料，作用可不容小覷，它的主要成分是胡椒城，能祛腥、解油膩，助消化；胡椒性溫熱，對胃寒所致的胃腹冷痛、腸鳴腹瀉有很好的緩解作用，並對治療風寒感冒有一定功效。

1 木耳、乾香菇分別用溫水泡發洗淨，切絲；豬肉、筍片分別洗淨切絲；香菜洗淨切碎備用。

2 鍋中放油燒至四成熱，下入豬肉絲滑散，用料理米酒烹香後盛出。

3 另起一鍋，鍋中加入清水煮滾，放入雞汁、豆腐、香菇、木耳、筍片絲、肉絲，煮滾後改小火。

4 加入醬油、料理米酒、鹽、白胡椒粉調味，然後用太白粉水勾芡。

5 在湯微滾的狀態時，將雞蛋打散成蛋液，用裝有蛋液的碗，一邊畫圈一邊緩緩倒入蛋液。

6 最後加入醋拌勻，淋入香油，依個人口味撒入香菜即可。

辣白菜
豆腐湯

甜辣的韓式泡菜，加上水嫩嫩的白豆腐，還有幾片五花肉片，一頓慢熬，辣白菜的香甜味全數進入湯汁裡，彌漫於廚房間，喝上一碗，一整天都不會感覺冷呢！

烹飪時間 30 分鐘　　難易程度 簡單

★ 主食材 ★

辣白菜	1 棵
板豆腐	350 克
豬五花肉	200 克

★ 配料 ★

薑末	5 克
蒜末	5 克
蔥花	5 克
料理米酒	1 茶匙
淡醬油	1 茶匙
鹽	1 茶匙
油	少許

1 豬五花肉洗淨，切薄片，加入料理米酒、淡醬油抓勻，醃製備用。

2 板豆腐洗淨，切邊長 4 公分、厚 1 公分的方塊；辣白菜切細絲備用。

3 取一炒鍋，鍋中放少許油，燒至七成熱，放入薑末、蒜末，爆出香味。

4 放入醃製後的五花肉片，大火翻炒至肉片微卷；然後放入辣白菜絲翻炒均勻。

營養提示

豆腐被稱為植物肉，營養價值極高，為補益清熱養生食品，長期食用可以補中益氣、清熱潤燥、生津止渴。

5 再將炒鍋內所有食材倒入砂鍋內，將切好的豆腐塊均勻平鋪在上層，加入淹過豆腐塊的清水。

6 開大火，將湯煮滾後，轉中小火煲煮 15～20 分鐘；最後加入鹽調味，撒上蔥花即可。

香菇豆腐湯

 烹飪 時間 15 分鐘　 難易 程度 簡單

這是一道看起來簡單卻會讓人驚豔的湯品，香菇和豆腐大火快煮，顏色透亮清澈，其蘊含著豆腐和香菇的雙重營養，養生又簡單好做，趕快學起來吧！

COOKING TIP

嫩豆腐在烹飪之前可先用淡鹽水浸泡，可以去掉豆腥味，還能使其在烹煮的過程中不易碎掉。

★ 主食材 ★

鮮香菇	3 朵
嫩豆腐	300 克

★ 配料 ★

胡蘿蔔	40 克
薑末	5 克
蒜末	5 克
蔥花	5 克
白胡椒粉	1/2 茶匙
雞粉	1/2 茶匙
鹽	1 茶匙
油	少許

1 將嫩豆腐小心地從盒裡取出，切成 2 公分的塊狀備用。

2 鮮香菇洗淨，尤其是傘蓋下面的褶皺處，然後切薄片；胡蘿蔔去皮洗淨，切細絲。

3 炒鍋內倒入少許油，燒至七成熱，放入薑末、蒜末翻炒出香味。

4 放入切好的香菇片、胡蘿蔔絲翻炒片刻，接著倒入適量清水，大火煮滾。

營養提示

豆腐營養豐富，含有鐵、鈣、磷、鎂等人體必需的多種礦物質，還含有糖類、脂肪和豐富的優質蛋白質，其消化吸收率達 95% 以上，是老人和兒童非常理想的食補佳品。

5 放入切好的豆腐塊，大火再次煮滾後繼續煮約 3 分鐘。

6 最後加入白胡椒粉、雞粉、鹽調味，撒入蔥花即可。

砂鍋燉豆腐

 烹飪時間 50 分鐘　　 難易程度 簡單

豆腐是個神奇的東西，燉煮時間越長久，口感反而變得越嫩滑。兩小塊豆腐就可以滿足一天所需的蛋白質，有了這樣一鍋燉豆腐，簡直不用喝牛奶了。

COOKING TIP

豆腐切塊時不要切得太大，那樣會不容易入味；也可以在燜煮前先將豆腐燙一燙，只是在汆燙時不要翻動太大，否則豆腐塊會很容易碎掉。

★ 主食材 ★

嫩豆腐	400 克
韭菜	80 克

★ 配料 ★

生薑	10 克
大蒜	3 瓣
乾辣椒	3 根
陳年醬油	50 毫升
蠔油	1 湯匙
雞粉	1/2 茶匙
鹽	1/2 茶匙
油	少許

1 嫩豆腐在清水中輕輕沖洗一下，切邊長 3 公分的方塊。

2 韭菜洗淨，切 5 公分的長段備用。

3 生薑、大蒜去皮洗淨，切薑片、蒜粒；乾辣椒洗淨，切碎段。

4 炒鍋內倒入少許油，燒至七成熱，放入薑片、蒜粒、乾辣椒段爆香。

5 倒入約 500 毫升清水，並加入陳年醬油、蠔油，大火煮滾。

6 倒入豆腐，輕輕攪拌幾下，加蓋繼續煮滾後將所有食材轉入砂鍋內。

營養提示

韭菜性溫，味辛，具有補腎起陽的作用；韭菜含有揮發性精油及硫化物等特殊成分，散發出一種獨特的辛香氣味，能增進食慾，增強消化功能；韭菜的辛辣氣味還有散瘀活血、行氣導滯作用；韭菜含有大量維生素和膳食纖維，能增進胃腸蠕動，治療便祕，預防腸癌。

7 用中火燜煮 25 分鐘，再放入切好的韭菜段，繼續煮至韭菜斷生。

8 最後加入雞粉、鹽調味，攪拌均勻即可。

白菜煲板栗

⏱ 烹飪時間　30 分鐘　　難易程度　簡單

香軟的板栗一入口就是滿滿的幸福，更別提還有補腎健脾、益胃平肝的功效。白菜煲出來的清甜浸入板栗裡，味道更香甜，請一定要試著做做看。

COOKING TIP

買板栗時盡量買剝好殼的，回家會省事很多，但購買時一定要仔細挑選，不要買到泡過水的板栗，那樣的口感極差；如果只買到帶殼的，可以將板栗劃上一道口，然後入水煮至口開大，冷卻後即可輕鬆剝去外殼。

★ 主食材 ★

娃娃菜	2 棵
剝殼板栗	200 克

★ 配料 ★

雞湯	800 毫升
青椒	1 個
紅椒	1 個
蔥花	5 克
白胡椒粉	1/2 茶匙
太白粉水	2 湯匙
鹽	1 茶匙
油	少許

營養提示

板栗營養豐富，維生素 C 含量更是比番茄還高，還含有鉀、鋅、鐵等人體所必需的礦物質，是一種絕佳的營養食材。

1 娃娃菜洗淨切成指頭粗細的長條；剝殼板栗洗淨，瀝水備用。

2 青椒、紅椒去蒂、去籽，洗淨後切小塊備用。

3 炒鍋內倒入少許油，燒至七成熱，放入切好的青紅椒塊翻炒幾下。

4 倒入雞湯（或其他高湯），大火煮滾後放入板栗，繼續煮約 15 分鐘。

5 待板栗熟透後放入切好的娃娃菜，大火煮至娃娃菜變軟。

6 最後加入白胡椒粉、鹽調味，加入太白粉水勾芡；撒入蔥花即可。

番茄粉絲煲

 烹飪時間 20 分鐘　 難易程度 簡單

酸酸甜甜的番茄，搭配能吸收各種鮮美湯料的粉絲，一端上來就香氣逼人，光想就令人食指大動。

番茄一定要去皮，這樣煮出來的粉絲煲口感會更好。想要簡單去除番茄皮，可先將番茄劃上十字刀口，放入熱水中燙 2 分鐘，就可以輕鬆撕去外皮。

★ 主食材 ★

粉絲	150 克
番茄	1 顆

★ 配料 ★

番茄醬	3 湯匙
香蔥	5 克
白砂糖	1 湯匙
鹽	適量
油	適量

1 粉絲提前用溫水浸泡 15 分鐘，撈出洗淨，瀝乾多餘水分備用。

2 番茄洗淨去皮，切小丁備用。

3 香蔥去根鬚洗淨，切蔥粒。

4 炒鍋入油燒至六成熱，倒入番茄醬小火炒至出香。

5 放入切好的番茄丁，翻炒片刻。

6 加入適量清水，放入白砂糖，大火燒開。

營養提示

粉絲的營養成分主要是碳水化合物、膳食纖維、蛋白質、菸鹼酸和鈣、鎂、鐵、鉀、磷、鈉等礦物質，粉絲有良好的附味性，它能吸收各種鮮美湯料的味道，再加上粉絲本身的柔潤嫩滑，更加爽口宜人。

7 煮滾後放入入粉絲，將所有食材轉入煲中，中火烹煮 5 分鐘。

8 最後加鹽調味，撒上香蔥粒即可。

紅薯粉絲
豆腐煲

紅薯粉絲除了熱量比較低，對於保護人體皮膚、延緩衰老也有一定的作用。再搭配富含蛋白質的豆腐，營養美味，香氣撲鼻，趕快去煲一鍋吧！

（烹飪時間）70 分鐘　　（難易程度）簡單

煎豆腐時要一面一面地煎，油熱後將豆腐慢慢滑進鍋中，煎到一面金黃後，一手拿筷子，一手拿一把炒菜鏟，兩手配合很容易就可以將豆腐翻過來，但是一定要等一面已經煎成金黃色定型後，否則豆腐很容易碎。

★ 主食材 ★

紅薯粉絲	30 克
板豆腐	100 克
排骨	200 克

★ 配料 ★

淡醬油	1 湯匙
白糖	1 茶匙
油	適量
大蔥	5 克
薑	5 克

1 紅薯粉絲用開水浸泡半小時，撈出後用剪刀略剪幾刀，放在與體溫基本相同的溫水裡。

2 排骨切成小塊（這道菜排骨不是主角，切小塊易爛），在清水中浸泡 20 分鐘後，再次洗淨，用熱水燙一下，將燙出的血沫洗淨。

3 板豆腐切成約 3 公分寬、1 公分厚的方塊，蔥去根鬚洗淨後切大段，薑洗淨去皮後切片。

4 取一炒鍋，鍋中倒入 2 湯匙油，開中火，將豆腐塊下鍋煎至兩面金黃，煎好的豆腐撈出控油。

5 炒鍋留底油，開中火，放入燙過的排骨塊煸炒，炒到表面微微發黃。

6 放入蔥段、薑片爆香，加入淡醬油、白糖炒勻後倒入砂鍋。

營養提示

紅薯粉富含膳食纖維和太白粉，是粗糧製品，經常食用有利於均衡營養，增進腸道蠕動，可通便。

7 倒入兩碗熱水，開大火煮滾後轉中火，加蓋燉半小時。

8 打開蓋子將泡好的粉絲均勻鋪在鍋裡，粉絲上面蓋上煎好的豆腐，加蓋繼續燉煮到粉條軟爛即可。

一鍋到底！
美味營養又飽足